JN258353

生態系と生物多様性を五感でとらえる

自然観察のポイント

桜谷 保之 著

文一総合出版

目 次

自然をさがそう よく見よう

目のつけどころをかえてみよう

いろいろなシーンで観察しよう

生きものの未来を考えよう

はじめに

「自然観察」と言いますが、いったい**「自然」**って何でしょう？　野草や野鳥は間違いなく自然と思われますが……。イネはどうでしょう？　イネは人間が野生植物を改良してつくりだしたもので、その栽培も含め、人手が加わっています。イネはどのように判断したらよいのでしょうか。コンクリートは明らかに人工物ですが、砂やセンメントを原料とし、セメントは石灰石などを原料としています。石灰石は貝殻などから長い年月をかけてできてきます。砂や貝殻、石灰石は自然の物ですが。

そして、いろいろな測定機器やセンサーが発達、普及した現在、なぜ**「観察」**が必要なのでしょうか？　家庭内にも、温度計、体温計、体重計、時計、冷暖房機、火災警報器などの測定器やセンサーがあるでしょう。デジタルカメラにも、光の強さ、色、距離などを測定するたくさんのセンセサーや測定器が備わっていて、野生生物もあざやかに記録、保存してくれます。

また、スマホでは、自然に関するいろいろな情報をいつでも、どこでも得ることができます。わざわざ野外に観察に出て、自然から情報を得る必要もなくなっているかもしれません。

本書はこうした疑問に答えることをめざし、科学技術が発達した現代における自然観察のありかたや意義について考えてみました。

さらに、最近は**「生態系」**に加え、**「生物多様性」**、**「絶滅危惧種」**、**「外来種」**といった自然や生物に関する言葉もよく耳にします。自然観察の対象は時代とともに変わってくる面もあり、こうしたテーマに対応する必要もあるように思います。特に、絶滅危惧種や外来種といった問題にはかなり人間活動がかかわっています。自然観察を通してこうした問題をよく理解し、将来に向けての解決方法を見出すことができるかもしれません。「生物多様性」「絶滅危惧種」「外来種」といったテーマは特に生態学という学問分野で研究されていますが、そこでも観察が一つの重要な研究手法になっています。

物はいろいろな角度から見ることができます。たとえば、地平線は普通は水平な面として見ていて、昔は地球は平らだと考えられていました。人工衛星などで、離れて見れば球体と認識できます。台風も気象衛星からの画像で見るように、渦巻きです。これはわれわれが生活している一つの場所では認識できません。こうした物の見方は自然観察でも同様です。たとえば、葉っぱ１枚だけ観察しても、森の状態を知ることはできません。１枚の葉でもよく観察するとたくさんの情報が含まれていることに気付くと思いますが、森といったスケールになると、そこにはいろいろな生きものが生活し、いろいろな現象が見られ、いろいろな要因が作用しています。自然観察もいろいろな面やレベル、スケールで行う必要があります。こうして、生物どうしのつながりが見えてきて、生物多様性や生態系といったテーマもおもしろく感じるかもしれません。さらに、生物は同じ種類でも大きさや模様などが違っているのが普通です。個体変異です。いろいろな変異をもった個体にも存在意義があり、それが進化へとつながっていく可能性もあるのです。人間社会ではとかく平均値が注目されがちですが、生物の変異を観察して**「個性」**の意義を考えてみることも必要です。

自然観察を含め科学では自分でおもしろそうなテーマを見つけ、その意義を考えて、問題を解決していくことが重要です。身近すぎてそのおもしろさ、不思議さに気付かないテーマもたくさんあります。

本書では**「かわいらしさ」**のようなあまり観察の対象になりそうもないテーマにも挑戦してみました。はたして、どのように観察して、解決をめざしているでしょうか？

以上のように、本書は自然観察の意義やいろいろな角度からの観察、そして最近の観察テーマなど、これまでにあまり取り上げられていない分野も盛り込んでみました。本書を参考に**「五感」**で自然を味わって、楽しんでいただけましたら幸いです。

本書は、筆者が以前勤務していた近畿大学農学部での実習や講義、調査・研究、また、一般市民向けの観察会の経験をもとに作成してみました。こうした活動は奈良市郊外にあるキャンパスの里山を中心に、大学の教職員や学生の皆さん、「やましろ里山の会」など市民の方々の協力、支援のもとに行われました。これらの方々に深く感謝いたします。また、本書の出版にあたり、大変お世話になりました文一総合出版の菊地千尋さんにも厚く御礼申し上げます。

こんなとき、こんな観察

●小さな子供たちと

●いつも歩いている道で

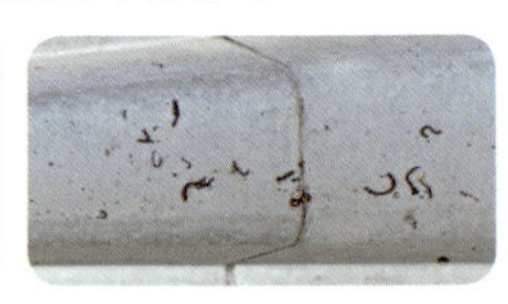

●雨が降ったら、部屋の中で

「生物多様性」の学習教材として

「生態系」の学習教材として

自然観察を計画する人のために

「自然」って何でしょう?

ものを見るレベルによって、「自然」であったり、そうでなかったり、変化します。自然観察を行うにあたって、どんなレベルの自然を観察するのかを認識しておくと観察の目的もはっきりし、観察もしやすくなると思います。

ここに１本の鉛筆があります。これは明らかに人工物です。「鉛筆のなる木」は自然界には存在しません。

しかし、鉛筆の木の部分をナイフなどで削ってみますと、木片になり、かなり自然に近づいた感じになってきます。

さらにできるだけ薄く削って、顕微鏡で観察してみましょう。

すると細胞のような構造が見えてきます。

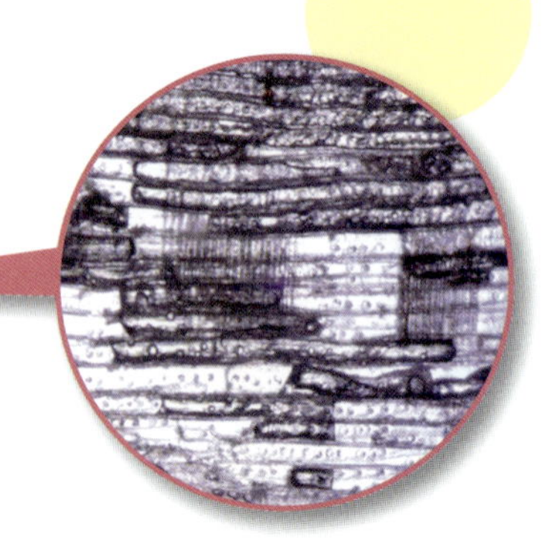

鉛筆の柄の木部を輪切りにしたものです。たくさんのハチの巣状の細胞の構造（仮導管など）が認められます。これは明らかに「自然」です。

この写真は鉛筆の木片とほぼ同じ倍率で写したタマネギの表皮細胞です。もちろんこれも明らかに「自然」です。

人工物のほとんどのものは、自然界の物質を元に造られています。したがって、細かいレベルで見ていくと、自然が見えてくるのです。そして、一般に、分子や原子レベルで見れば自然です。

ある海岸の風景

イネは野生では存在しなく、
人為的に品種改良されています。

自然？　人工物？

里山は人手で定期的に
管理されてきました。

自然とは？　自然界のものと比較

イネは人為的に改良されたものですが、イネ科植物に属し、基本的には自然界にある他のイネ科植物とほとんど変わりません。里山林は人為的に管理されていますが、林としての機能は自然の林とあまり変わらないようです。品種改良されたり、人為的に管理されたものでも自然界に存在するものと比較して、形態や機能などが同様と考えられれば「自然」と見なすことができるでしょう。里山林は、少なくとも個々の木レベルでは「自然」なはずです。

とっても身近な自然観察 —野菜の根—

普段見慣れている（実はよく見ていない）ものでも、先入観にとらわれずに、実物をじっくりとそして忠実に観察することがポイントです。意外な発見があるかもしれません。

ダイコンの根は？

下の図はダイコンの根の生え方を示したものです。食べる部分を主根と言います。わきには側根が生えているかもしれません。この側根の生え方を正しく示しているのはどれでしょう？　ダイコンは野菜で、栽培されていますが、アブラナ科植物の自然です。

A ダイコンには側根はない

B 2列に直線的に生えている

C でたらめに生えている

D 先端のほうにだけ生えている

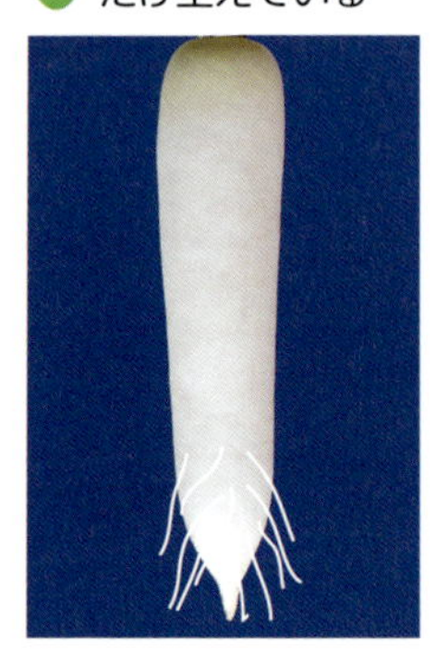

答え　実物は皆さんの家の台所にもあると思いますので、確認してみてください。念のため図で示します。正解はBです。ダイコンの側根の生え方にも2列で直線状という法則があったのです。なお，ダイコンの上の緑色の部分は胚軸（はいじく）と言います。

売られているものは、洗われて側根が切れていますが、側根の生えていたくぼみは残っています。

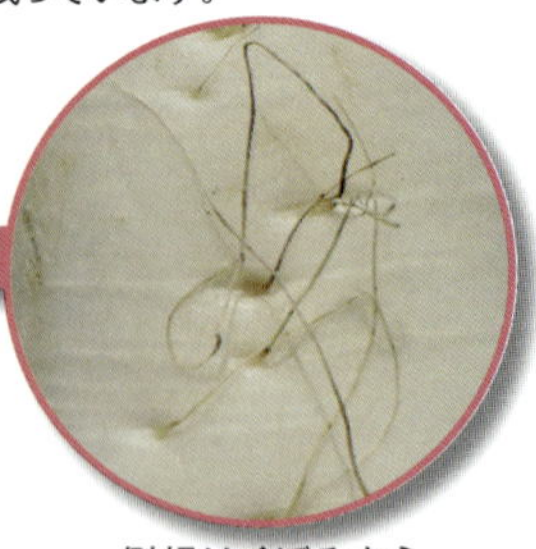

側根はくぼみから出ています。

ダイコンを輪切りにすると、側根がほぼ180°ごとで2列に生えているのがわかるでしょう。

ニンジンでは？

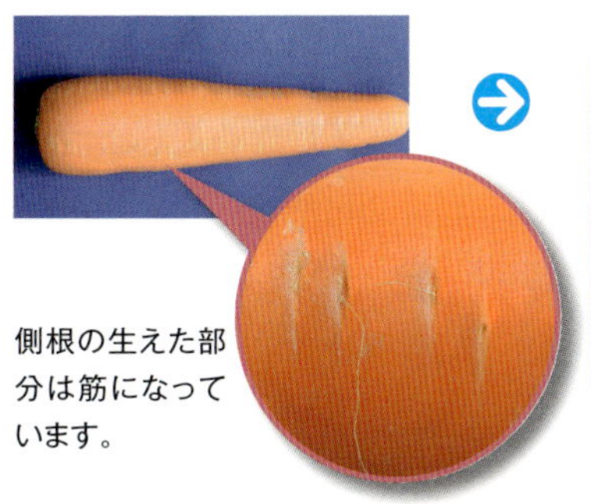

側根の生えた部分は筋になっています。

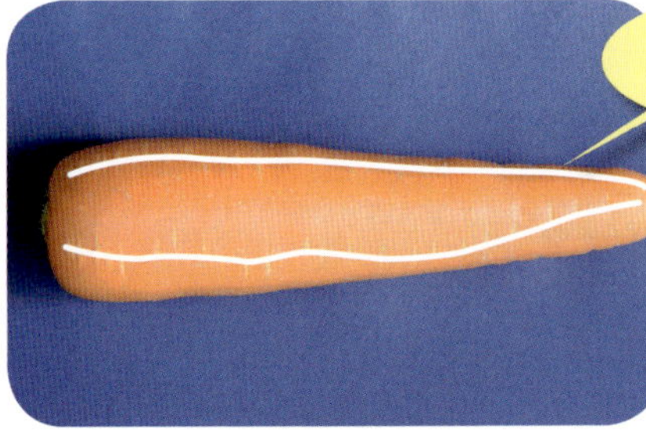

やはり直線状になっています。何列あるかは皆さんで確認してください。

ニンジンも側根が生えている部分をうまく輪切りにすると、白い筋のようなものが見えてきます。

それをたどると４本の筋が認められます。成長過程で根がねじれたりしますが、基本的にはほぼ 90°ごとに生えています。

サツマイモでは？

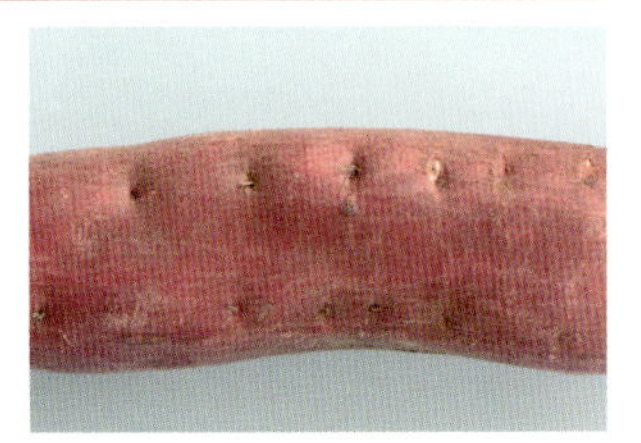

よく見ると、やはりくぼみが並んでいるのがわかります。

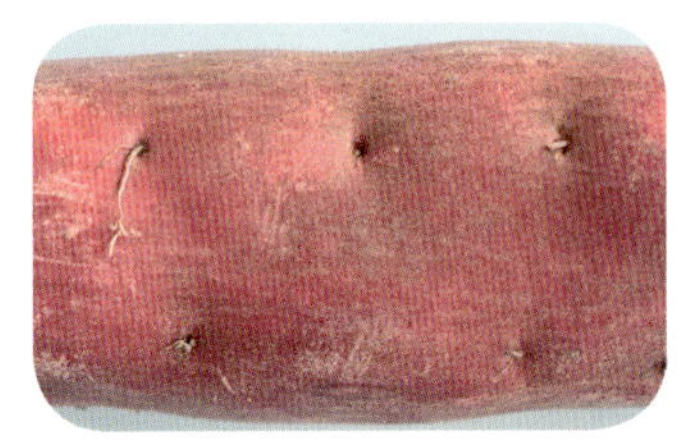

よく見ると、くぼみから根が生えているのがわかります。何列か、実物で数えてみてください。

ナガイモ（ヤマノイモ）では？

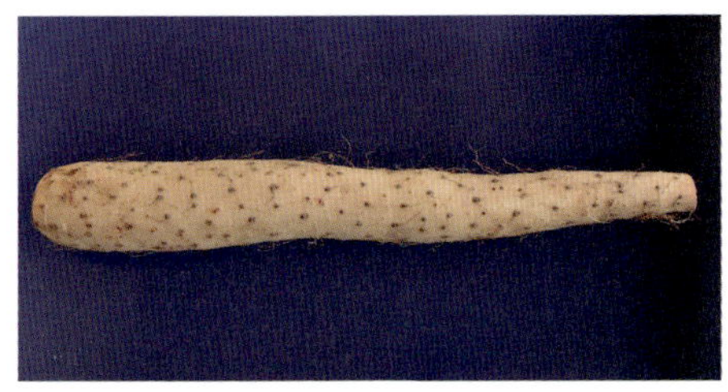

たくさんの細い根が生えています。

拡大してみても、根の生え方は複雑で分かりにくいですが、挑戦してみてください。

とっても身近な自然観察 ―葉（葉脈）―

身近にある植物の葉でも、先入観にとらわれずによく観察することがポイントです。できれば時間をかけてスケッチすると観察力をアップできるでしょう。

サクラの葉は？

次の図のうちサクラの葉はどれでしょう。葉には水分や養分の通り道があり、中央のまっすぐな脈が主脈で、そこから左右に伸びているのが側脈（支脈）です。特にこの側脈に注目してください。

A 側脈が葉の縁まで達している

B 側脈が葉の縁まで達しない

C 側脈が平行的

答え

Bが正解です。
葉の側脈も植物の種類によって、形が違うのです。かなりの人はサクラの葉はAのような構造をしていると思っているようです。今度、桜餅を食べるときや公園などのサクラの木で確認してください。他にもいろいろな葉の側脈の形を調べてみましょう。

サクラの葉（ソメイヨシノ）

葉の縁の拡大

桜餅に使われている葉。Bのタイプであることがはっきりとわかります。

葉の縁の拡大

これは、桜餅の葉ですがプラスチックでできた葉です。形や色、葉の縁のギザギザ（鋸歯と言います）はサクラの葉に似せていますが、側脈はAのタイプです。

クヌギ、コナラの葉は？

Aのタイプはコナラやクヌギ、クリなどの葉です。側脈が葉の縁までほぼまっすぐに伸びています。

「生きもののサイズの変異」（26~27ページ）に登場するコナラの葉はAタイプ。

ササの葉は？

Cのタイプはササの葉やタケ、ユリなどの葉で、葉脈が平行に走っています。しかし、葉の先端や基部では葉脈は湾曲して一か所に集まります。

イチョウの葉は？

イチョウはA、B、Cタイプとはちがった葉脈の構造をしています。

イチョウの葉

イチョウの葉脈は枝分かれしています。

その他、身近にある葉を観察してみてください

お茶の葉、柏餅の葉、柿の葉すしの葉、キャベツ、レタス、ホウレンソウ、ネギなど身近にたくさんの種類の葉があります。どんな葉脈を持っているでしょうか？　似ているものがあるでしょうか？

1 枚の葉が持っている情報量

何も原生林のような自然だけが観察の対象ではありません。自分が今、観察していることが事実であり、本や映像などからは得ることのできないたくさんの情報を引き出せると思います。そして何よりも、生命がみなぎっていて、それは世代を越えて受け継がれていきます。身近にある生物でもじっくり観察し、それでわかったことを記録することがポイントです。

1 枚の葉と CD ではどちらが情報量が多い？

1 枚の葉から肉眼でわかることをすべて書きなさい。ここでは生物学的にどんな意味があるかは、問わないことにします。

↓

右と左の鋸歯数。裏表がある→当たり前？

→でも植物には裏だけの種もあるのです（ハナショウブなどの葉）そして側脈の数や網状脈の数などなど……。

肉眼だけでもいろいろなことがわかってくると思います。さらに、顕微鏡を使えば細胞やその構造もわかってきます。細胞の数、個々の細胞の大きさなどの情報も得られます。また、いろいろな分析機器を使うと、水分、デンプン量、クロロフィル（葉緑素）量なども測定できます。DNA や分子、原子レベルの情報も得ることができるでしょう。

1 枚のサクラの葉

こうした情報をすべて文字で書いたら、いったい何ページになるでしょうか。CD や DVD1 枚で何ギガという情報を記録できますが、たった 1 枚の葉と比べて、果してどちらの情報量が多いでしょうか？

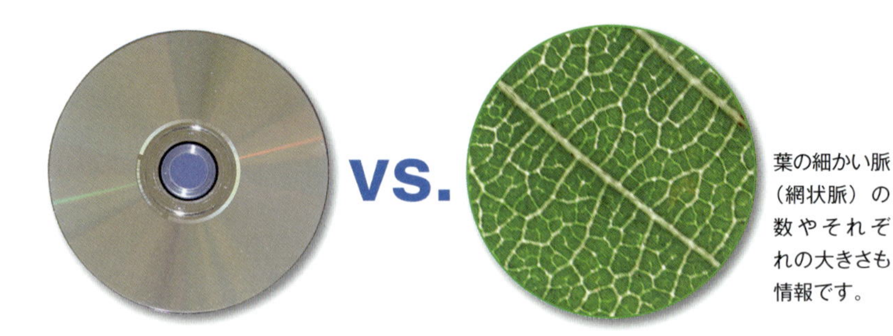

葉の細かい脈（網状脈）の数やそれぞれの大きさも情報です。

1 枚の葉にだってまだいろいろな情報が秘められているかも？

細胞は 1665 年に発見され、1953 年には DNA の構造が明らかにされています。たった 1 枚の葉にもまだ、どんな情報が隠されているかわかりません。高額で大がかりな機器を使わなくても発見できる可能性だってあります（10～13 ページ参照）。もちろん、何本かの木の集団（個体群）レベル（単位）や、森林（群集）レベル、生態系レベルでの新しい発見も大いに期待できます。同じ空気（大気）でも、いろいろなレベルの現象が起こっています。竜巻のような小さな現象、台風のような大規模な現象、どれも同じ大気の現象です。

どの葉にも裏表がある？

裏しかない？葉

葉が葉脈に沿って折れ曲がって表が合わさり、裏しか見えないハナショウブの葉。

マツの葉の裏表は？

針葉樹マツ（クロマツ）の葉

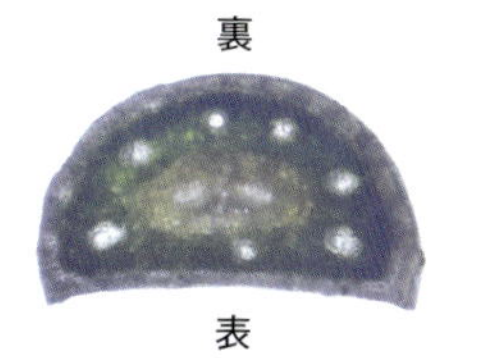

クロマツの葉の断面の拡大。木部という組織があり平らなほうが表。

葉に残された情報

紅葉して落ちたサクラの葉。この葉には 1 年間の経過が刻まれています。

かじられたり、穴があいた葉は、イモムシや毛虫のしわざの可能性があります（強風や雹（ひょう）で葉が破れたり、穴があくこともありますが）。

昆虫の種類によっては特有の食べ方をするので、葉に残された食べあと（食痕）で、どんな虫に食べられたかわかる場合もあります。食べられるだけでなく、巣や虫こぶ、トンネルなどがつくられることもあります。

サクラ（ソメイヨシノ）の葉を食べるイモムシ（オオシモフリスズメの幼虫）。

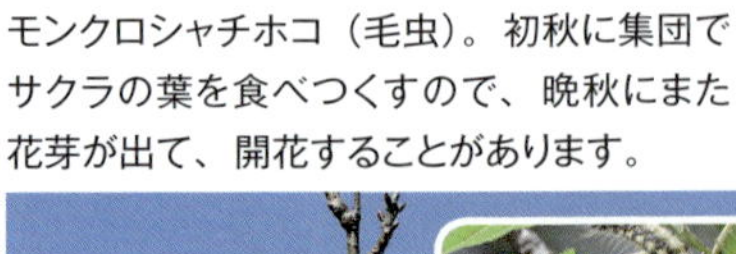

モンクロシャチホコ（毛虫）。初秋に集団でサクラの葉を食べつくすので、晩秋にまた花芽が出て、開花することがあります。

ウスバツバメ（毛虫）によるサクラの葉の食害（5月頃）。

葉が破れていたり傷んでいたりする様子から、その痕跡を残した昆虫や動物を推測することができます。

スミナガシ（タテハチョウ科）幼虫によるアワブキの葉の食痕。主脈を残して食べ、枯れ葉をつづります。➡の所に幼虫がいます。

ウリハムシによるウリの葉の食痕。丸い穴状に食べます。

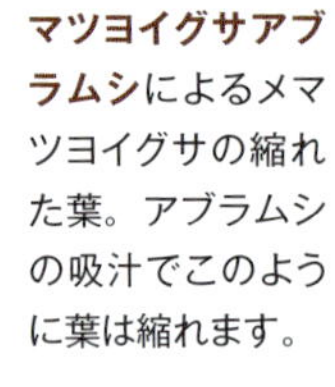

マツヨイグサアブラムシによるメマツヨイグサの縮れた葉。アブラムシの吸汁でこのように葉は縮れます。

幼虫が葉（ミカン）に潜ってトンネル状に食べていく**ミカンハモグリガ**。いろいろな昆虫が種々の植物の葉に潜ります。

汚れた葉（シャリンバイ）：上側の葉にいるアブラムシやカイガラムシの排泄物やそれに発生するスス病によって葉が汚れることがあります。

ヌルデシロアブラムシによるヌルデの虫こぶ。昆虫によっていろいろな虫こぶが種々の植物の葉や茎などにできます。

丸まった葉から発信される情報

葉を丸めたりして巣をつくる昆虫や動物がいます。隠れたつもりでも、人間にはかえってわかってしまいます。こうした葉は情報を発信していると言えます。写真の４種の幼虫はすべてチョウです。

アカタテハ：カラムシの葉の表を内側に折って巣をつくり、幼虫が中に潜みます。カラムシの葉裏は白っぽいので、目立ちます。

ヒメアカタテハ：幼虫はヨモギの葉をつづって巣をつくりますが、やはり葉裏が白っぽいので、目立ちます。

アオバセセリ：アワブキの葉を丸めてつくられた巣と幼虫。

ミドリシジミ：幼虫はハンノキの葉を丸めて巣をつくり、その中で生活しています。

カヤネズミ：「『生活多様性』を提供する生物」（109ページ）でも紹介したカヤネズミの巣で、ススキなどの葉を丸く編んでいるので、それと分かります。

枯れ葉の間から発信される情報

枯れ葉というとあまり注目されませんが、特に小枝に堆積した枯れ葉にはいろいろな昆虫が越冬しています。枯れ葉の隠蔽（いんぺい）効果（保護色）を利用しているわけです。枯れ葉を手掛かりにこうした越冬昆虫を探すのは、冬の自然観察の楽しみの一つです。

テングチョウ成虫：クロガネモチ（左）とイヌツゲ（右）の小枝に堆積した枯れ葉で越冬。翅（はね）の模様に変異があり、右の個体は葉脈?が鮮明。

ムラサキシジミ成虫：アラカシの小枝に堆積した枯れ葉で越冬。

アケビコノハ成虫：ヒサカキに堆積した枯れ葉で越冬。

ミスジチョウ幼虫：糸で固定したカエデの枯れ葉で越冬。

アカエグリバ成虫：ネズミモチの小枝に堆積した枯れ葉で越冬。

情報量や情報の種類はレベルとともに変化する

情報を持つのは葉だけではありません。葉がついている枝、枝を茂らせている木、木が集まっている林、林が作る生態系が、それぞれのレベルで情報を発信しています。

●葉レベル（ケヤキ） 寿命：数か月～1 年程度

同じ小枝についた葉でも、いろいろな昆虫に食われるなどして、全く同じ形をした葉を見つけることはほとんど不可能です。

ニレハムシ、アカタテハなどの昆虫がケヤキの葉を食べます。

●枝レベル（ケヤキ） 寿命：数年～数十年

枝は葉や花を支えたりします。今年の枝、去年の枝、枯れた枝など、いろいろな情報を持った枝が観察できるでしょう。

近くで観察すると、伸びた方向（よく吹く風の風下側に伸びることもあります）や長さ、枝分かれなど多くの情報が読み取れます。

●木レベル（ケヤキ） 寿命：数十年～数百年

毎年、他の木や日光、土、天候などの影響を受け続けます。

同じケヤキが隣り合って生えていますが、光や風の当たり方などによって、紅葉の色が異なっています。

●林レベル（放置された里山林） 寿命：??

林レベルでは、植物や昆虫、野鳥などが複雑に関係しています。

調査や分析にも時間を要しますが、興味深い情報も豊富です。

さらに葉が集まった枝レベル、木レベル、林レベル、生態系レベルでは情報量はばく大なものになるはずです。これに加え、季節変化や年次変化もあるのです。

毛虫は本当に害虫？
―植物と草食動物の絶妙な関係―

毛虫やイモムシは植物の葉を食べて成長します。野菜、植木などの葉を食べる毛虫やイモムシは害虫とされています。果たして、そうでしょうか？むしろ益虫になっている毛虫もいるとしたら、それは本当でしょうか？

葉を食べる昆虫は害虫と見なされがちですが、よくみると同じ株でも、特定の葉しか食べない場合が多いようです。光合成にあまり役立たなくなった古い葉を食べ、糞(ふん)が肥料として植物に早く吸収されれば、共生関係にあり益虫とみなすこともできます。やはり自然をよく見て、考察を深めることがポイントです。毛虫＝害虫、のように、はじめから決めつけないことです。

マツカレハ

マツカレハというガの幼虫は、マツ類の葉を食べる毛虫です。成虫の翅(はね)は枯れ葉色をしています。庭木や森林の害虫とされています。しかし、よく観察してみるとマツカレハの幼虫は去年やおとといの葉を食べていて、今年の新しい葉はほとんど食べません。マツの古い葉は、光合成にはあまり役立っていないことが実験によって確かめられています。したがって、この毛虫は害虫とは言えなくなってしまいます。しかも、毛虫の糞は落ち葉よりも吸収されやすく、肥料として役立っています。植木屋さんはマツの古い葉を除いています。毛虫は植木屋さんの働きもしているようです。こうしてみるとこの毛虫は益虫と言えるかもしれません。マツと毛虫が長い進化の過程で築いてきた絶妙な共生関係と言えるでしょう。

光合成にはあまり役立たない古い葉を食べる**マツカレハ**の幼虫。

マツカレハの成虫

マツ（クロマツ）の枝の構造

マツカレハの繭（まゆ）

幼虫の糞はマツの落ち葉よりも分解吸収されやすく、
早く肥料になると考えられます。

マツの落ち葉

マツノキハバチ

幼虫が植物の葉を食べるハバチというハチのグループがあります。マツノキハバチはマツ類の葉を食べて成長します。このハチの幼虫もマツカレハのように、主に古い葉を食べます。

集団で古い葉をどんどん食べていきます。

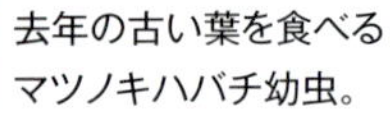

去年の古い葉を食べる
マツノキハバチ幼虫。

植木屋さんが剪定したクロマツ
今年の葉を残して古い葉を除きます。

マツノキハバチの幼虫が食べたアカマツの枝。今年の新しい葉は食べずに残されており、そこから新芽が伸びて、光合成を行います。

モンシロチョウ

モンシロチョウの幼虫（青虫）はキャベツやダイコンの害虫です。キャベツはヨーロッパ原産の野菜で、日本では明治時代以降に盛んに栽培されるようになったと言われています。この写真では幼虫はやはり外側の古い葉を食べる傾向が認められるようです。

モンシロチョウの幼虫に食べられたキャベツ。結球部分は食べにくいのかもしれませんが、この例では外側の古い葉がよく食べられています。

キャベツの葉を食べるモンシロチョウ幼虫

シカ（ニホンジカ）

シカはシバが好物です。シバはいつもシカに食べられ、またシカに踏みつけられているのですが、絶滅せずにシカにえさを提供し続けています。それはシカとシバには深い関係があるからです。

シカはシバが好物。周囲にはシカが食べないナンキンハゼやアセビが見られます。

シバはシカに食べられるだけでなく、踏みつけられます。

耕運機などが通る農道。輪の跡には主にシバが生え、シロツメクサなどは踏みつけに弱いので、道の中央か脇に生える傾向が認められます。

シバの根。シバは食べられても食べられても、すぐに節から芽が伸び、生長します。

シカの食べられた直後の芝生。シカは土が露出するほどには、激しく食べません。

シバの花。早朝にすばやく咲き、実りも早く、シカに食べられるチャンスを低くしています。

●シカとシバの絶妙な関係

①シバの競争相手を排除する

シバは踏圧（踏みつけ）に強い植物ですが、競争相手になる他の植物はそうではないので、シカの踏圧が多いところではシバ以外の植物が排除されます。

②節を傷つけずに食べる

シバは葉や茎が食べられてもすぐに土の中の節から芽を伸ばして成長します。シカは、土が露出するほど強くは食べないので、節が傷つけられることはありません。

③すばやく花を咲かせる

シバは花を早朝にすばやく咲かせ、花がシカに食べられて種子が作れなくなる危険を減らしています。

④種子をまき散らす

できた種子はシカに食べられても糞と一緒に排出されます。シカは種子の散布を助けることによってシバの繁殖に大変役立っています。

⑤糞がシバの肥料になる

シカの糞は、シバの肥料にもなります。

⑥さらに……

糞にはセンチコガネ科やコガネムシ科などの糞虫類といわれる糞を食べる昆虫が集まってきます。こうした昆虫は、糞の分解を早める役割を果たします。

シカの糞はシバの肥料としても大変役立っています。

シカの糞を食べるセンチコガネ科やコガネムシ科などの糞虫類。糞の分解を早め、さらに生物多様性を高めています。

宮城県金華山島でも、シカにより芝生は良好に維持されています。
シカの食べないサンショウなどは残ります。

奈良公園などでは、芝刈り機によって芝生を管理しようとするとばく大な費用がかかると言われていますが、シカとシバの絶妙な関係で適切に維持されています。

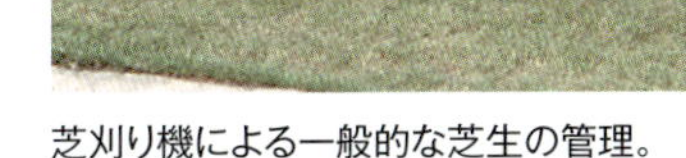

芝刈り機による一般的な芝生の管理。

ときどき起こる虫の大発生は……？

毛虫が大発生して葉が食べ尽される現象はしばしば見られます。天敵の減少や好適な気象条件等によって何年かに一度、大発生する種も知られています。また、最近、シカによる植生破壊も起こっています。生物の現象は複雑で、まだまだ謎が多いのです。

大発生したマイマイガやテングチョウの幼虫に食害されたエノキ。
左側の枝にはほとんど葉がありません。

いろいろな植物の葉を食べ、
しばしば大発生するマイマイガ幼虫。

しばしばエノキの葉を食べ尽す
テングチョウ幼虫。

生きもののサイズの変異
―ドングリの背比べ―

生物には同じ種類でも、大きさ、色、形などに個体変異があるという認識で観察することがポイントです。ともすると平均的な個体や優れた個体に注目しがちですが、変異の両端のほうにある個体の存在意義にも注目することも重要です。遺伝的変異が進化のひきがねになるのです。

ドングリの背比べ

「ドングリの背比べ」と言いますが、ドングリはほんとうに「粒ぞろい」でしょうか？

左のドングリは１本のドングリ（コナラ）の木の下から拾った200個ほどのドングリです。

この中からいくつか小さいものから大きいものの順に並べてみました。

１mm目の方眼紙に並べてみるとわかりやすいですね。

これは同じように大きいものから小さいものの順に時計回りに円形に並べてみたみたものです。最後（てっぺん）では最大と最小のドングリが並んでいます。大きさがずいぶん違いますね。

このドングリの木で拾った200個のドングリの長さが最小と最大のドングリです。最小は14 mmで最大のは27 mmで、約2倍もの違いがあります。

下のグラフ①と②では長さは各「台」で示しています（例：14は14 mm台で14.0～14.9 mm）

①ドングリの長さの度数分布グラフ

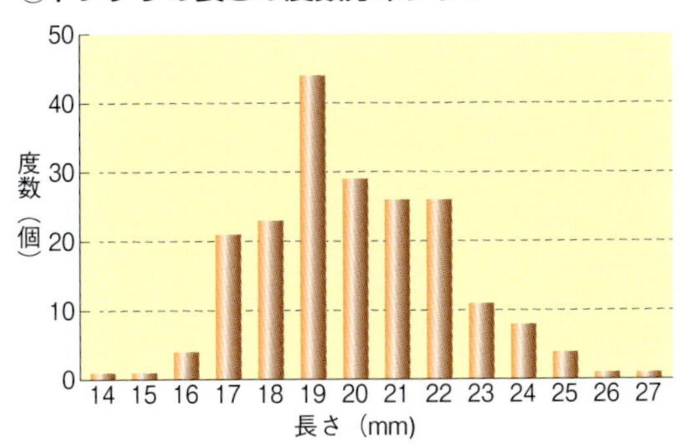

②ピーナッツの長さの度数分布グラフ

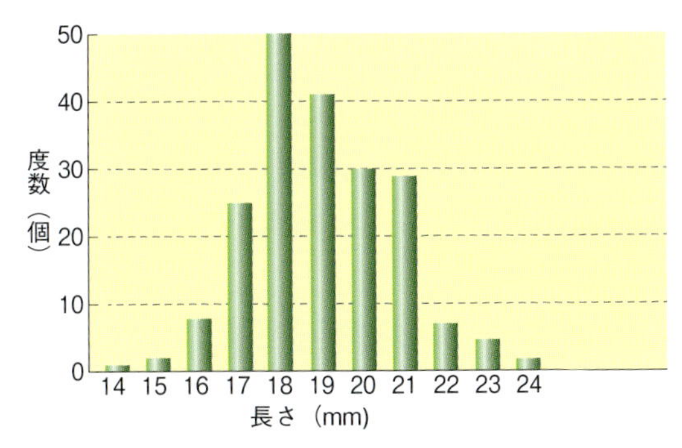

③ドングリの重さの度数分布グラフ

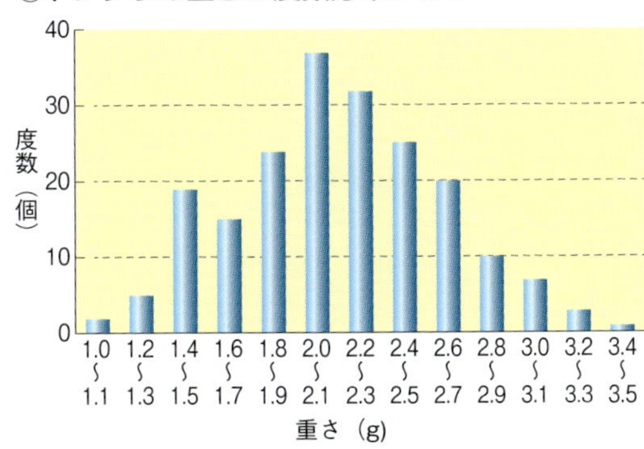

①コナラのドングリ200個の長さの度数分布のグラフです。どの大きさの頻度が高いか（個数が多いか）が一目でわかります。最も多いのは長さが19 mm台（19.0～19.9 mm）のドングリです。そして、17 mm台から22 mm台にほとんどのドングリが含まれています。16 mm以下や23 mm以上のドングリは少数派です。しかし、生物はこうした変異が普通で、平均的なものよりも小さくても、大きくても存在意義があるのです。

②スーパーマーケットで買った炒ったピーナッツの長さの度数分布のグラフです。最小は14 mm台で最大は24 mm台と、変異はドングリよりも小さくなっています。ピーナッツ（落花生）も生物の1種ですから変異はあるのですが、農産物として市販するためには「粒ぞろい」が望ましいわけです。

③重さは立体になるので、長さよりも変異の幅は大きくなります。このドングリの例では最小と最大で、約3.5倍の開きがあります。2.0～2.3 gにピークがありそれよりも軽いか重いドングリは少なくなっていく傾向があります。

タンポポの実（タネと綿毛）では？

1本の茎に付いていたタンポポ（セイヨウタンポポ）の果実ですが（この茎にはちょうど200個の果実がありました）、綿毛（冠毛）やその柄（冠毛柄）の長さには倍以上の違いはなさそうですし、種子の大きさも割とそろっているようです。ドングリと違ってタンポポの種子は風で散布されますが、風の吹き方で、いろいろな場所に落下して発芽します。身近な植物の果実（実）の変異を調べてみてください。

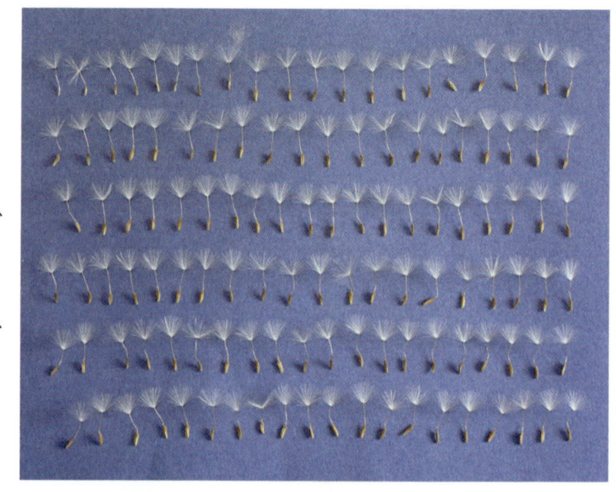

果実

種子を含むそう果という部分（目盛は 1 mm）

野菜では？

野菜は根菜、葉菜、果菜など利用する部位はいろいろですが、やはり個体変異はあります。

ジャガイモのイモは実ではありませんが、もともとこのように大きな変異があるのが普通です。

八百屋さんで売っていたふぞろいな野菜。しかもパックされていません。1983年ヨーロッパで。

果物では？

形や大きさがふぞろいなイチゴです。イチゴも生物ですからこうした変異があるのが普通です。

これは大きさがそろっていて形も整っているイチゴです。今では品種改良や栽培管理、選果によって粒ぞろいの果物が売られています。

工業製品は？

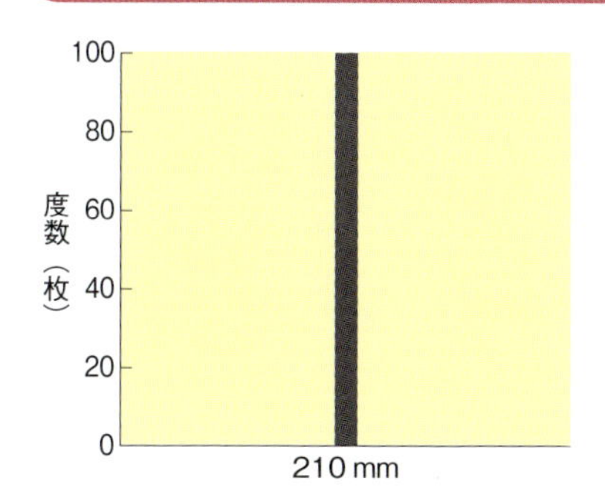

左はコピー用紙（A5判。この本もA5判です）。100枚の縦の長さの度数分布のグラフです。用紙の大きさに生物のような変異があると困りますね。工業製品は誤差（変異）をできるだけ小さくするように作られます。でも、市販の野菜や果物は「粒ぞろい」だと思いませんか。近年はこうした農産物も変異を小さくし、工業製品のように均一化を目指しているようです。

変異があるということは……

変異があり、それが遺伝的に次の世代に伝わっていくということは生物という「自然」の特徴です。人工物ではこうした現象は起こりません。

色や模様の変異

同じ種の生物でも、大きさに変異があることをドングリなどの生物で紹介しました。ここでは肉眼で見て、色や模様に変異が認められる生物について観察してみましょう。

テントウムシの翅（はね）や鳥の卵の殻の模様、二枚貝の貝殻の模様には、種によって変異が見られたり、見られなかったりします。しかし、これは肉眼で見た範囲です。変異がないような生物でも別のレベルで見れば変異があるかもしれません。おそらくどの生物にもどのレベルかで変異はあると思います。だからこそ DNA 鑑定ができるのです。自然は決して一面だけで判断せず、いろいろな角度から観察してみるのがポイントです。

模様の変異

●テントウムシ

越冬しているテントウムシの群れです。何種のテントウムシがいるでしょう？　翅の模様から数種は混じっているように思われますが……？

テントウムシの交尾の写真です。ちがった種どうしで交尾しているようにも見えます。上が雄です。

テントウムシの交尾の写真ですが、左の写真と違って、雌が上？　ではなく、やはり上が雄です。

実は、上の３枚の写真はすべて同じナミテントウというたった１種類のテントウムシなのです。このようにこのテントウムシは同じ種類ですが、翅の模様にいろいろなタイプがあるのです。

①カメノコテントウの集団越冬

②キイロテントウの集団越冬

③ナミテントウとキイロテントウの越冬

①はカメノコテントウというテントウムシの集団越冬の写真です。体の大きさや翅の模様に少し変異がるようですが、大きな変異はなさそうです。

②はキイロテントウというテントウムシの集団越冬の写真です。これはどれも翅が黄色で、変異はなさそうですが。

ナミテントウは模様がちがっていても、このように同じ場所で集団で越冬するのは不思議です。また、キイロテントウやカメノコテントウも越冬の時には、集団になるので、同じ種という認識があるような気もします。

しかし、③はナミテントウ（7匹）とキイロテントウ（2匹）の越冬です。越冬場所として好適な環境なら、ちがった種どうしでも集団になるようです。

●ウズラの卵

ウズラの卵の殻の模様もいろいろです。

しかし、ゆでて殻をむいた中身はどれも白色です。

●アサリの貝殻

アサリの貝殻の模様はいろいろです。

しかし、貝殻の内側はあまり変異は認められません。

●シジミの貝殻

しかし、シジミの貝殻の模様にはあまり変異は認められません。

内側はアサリよりも変異は大きいようです。

●ヤハズエンドウ（カラスノエンドウ）

種子　　さや

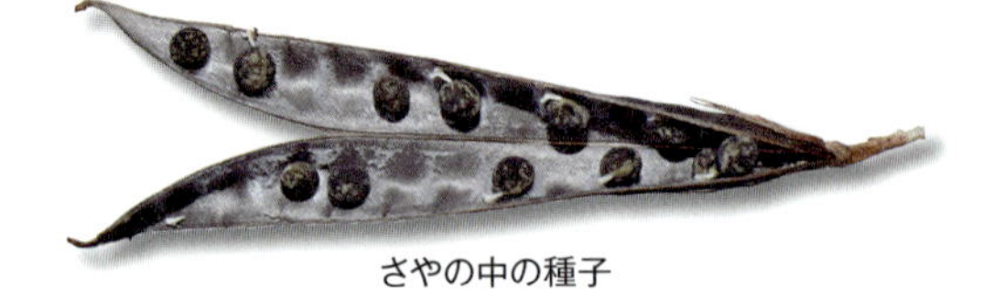
さやの中の種子

左の写真は河原の小石のようでもありますが、カラスノエンドウの実（種子）です。丸い種子で、直径3 mm前後と小さく、観察しにくいかもしれませんが、ウズラの卵の殻のような変異が認められます。ところが、この種子の入っているさや（果皮）は長さの変異はありますが、模様の変異はほとんど認められません。アサリと逆で、シジミと同じような現象ですね。なお、こうした変異は、産地やいろいろな条件で違ってくる可能性もあります。

雄と雌の変異

雄と雌で、体色や模様がかなり異なる種も少なくありません。

●マガモ

日本各地で冬に普通に見られる水鳥ですが、雄は頭部の緑色が特徴です。

●メスグロヒョウモンとツマグロヒョウモン

2 種類のチョウ（ヒョウモンチョウ類）がいます。それぞれの種の雌と雄の組み合わせは？

答え

A はメスグロヒョウモンの雌で D がその雄です。B がツマグロヒョウモンの雌で C がその雄です。特にメスグロヒョウモンは雌と雄では翅（はね）の模様がたいへん異なり、別種のように感じられるかもしれません。

●ウラギンシジミ

東北地方以南に分布するシジミチョウですが、雌の翅（はね）の表の模様は水色で、雄はオレンジ色です。翅裏は名前の通り銀色で、これは雌雄でほとんど違いはありません。

雌

雄

翅裏

季節的変異

昆虫では１年に２回以上成虫が発生する種があり、季節により大きさや翅の色、模様が異なる種も少なくありません。これを季節型と言います。

●ベニシジミ

九州以北の各地に分布し、市街地でも見られる普通のチョウです。夏に羽化する個体は濃色です。

春型

夏型

●キタテハ（翅の裏の色と形）

本種も九州以北の各地に分布するチョウで、色だけではなく、翅型も変化（秋型は夏型に比べて、矢印のように切れ込みが深い）します。

夏型

秋型

同じ個体でも体色が変異

以上紹介した昆虫の色や模様の変異は生涯、途中で変わることはありませんが、同じ個体でも環境や季節に応じて体色が変わる種もあります。103～104 ページにもこの例があります。

●ニホンアマガエル

本種の体色が環境によって変化することは、よく知られています。

●マタタビ

主に枝の先の葉が初夏に白くなり、夏の終わりにはまたもとの緑色に戻ります。

●ニホンジカ

夏には褐色の毛に白いまだら模様が入りますが、冬はほぼ全身が灰褐色の毛になります。

生物の「表情」

生物の分類はいろいろな特徴（たとえば体の形や構造、機能）を基準にして行われますが、個々の人を識別する時には顔を見て、ほとんど瞬時に「だれだれさん」とわかるのは全体的に観察するからと言われています。生物の造形のおもしろさを観察するポイントは、細部よりは全体を「鑑賞」することかもしれません。

動物の顔にはいろいろな表情が見られますが、植物の実（果実）や葉痕などにも同じ種類でも形、色、模様などに表情のような個性が感じられることがあります。

実（果実）

野生植物の実や果物の中には、1個1個ちがった色合いや表情が見られるものもあります。ここではツルアリドオシの実を例に紹介します。

写真のアングルや光の関係などによっても表情は変わりますが、それ以上に実によって豊かな「表情」を見せてくれます。かわいい表情、こわい表情、悲しい表情、うれしい表情、愛嬌のある表情、おすましな表情など多彩な表情が観察できると思います。28人？の実に番号を付けました。それぞれの印象は？

●ツルアリドオシ

アカネ科の草本で、北海道から九州の里山などの林床に自生します。6〜7月に2個対になった白い花を咲かせます。果実になる時その痕が目のように残ります。果実は球形で直径7 mm前後で、秋に赤く熟します。

ツルアリドオシの白い花

2個対になって付きます。長さは10 mm前後。

ツルアリドオシの実のいろいろな「表情」。実は、同じものがあります。どれとどれでしょう？（答えは 40 ページ）

葉痕

冬に葉を落している樹木では、葉が落ちた痕（葉痕）が独特の形をしています。特に維管束の痕の配列と葉痕の形が動物の顔に見えたり、同じ種の樹木でもいろいろな表情を見せてくれます。

●アジサイ

アジサイ科。全国的に公園などに植えられている低木です。葉痕の幅は 6～7 mm と比較的大きいので、観察しやすい木です。

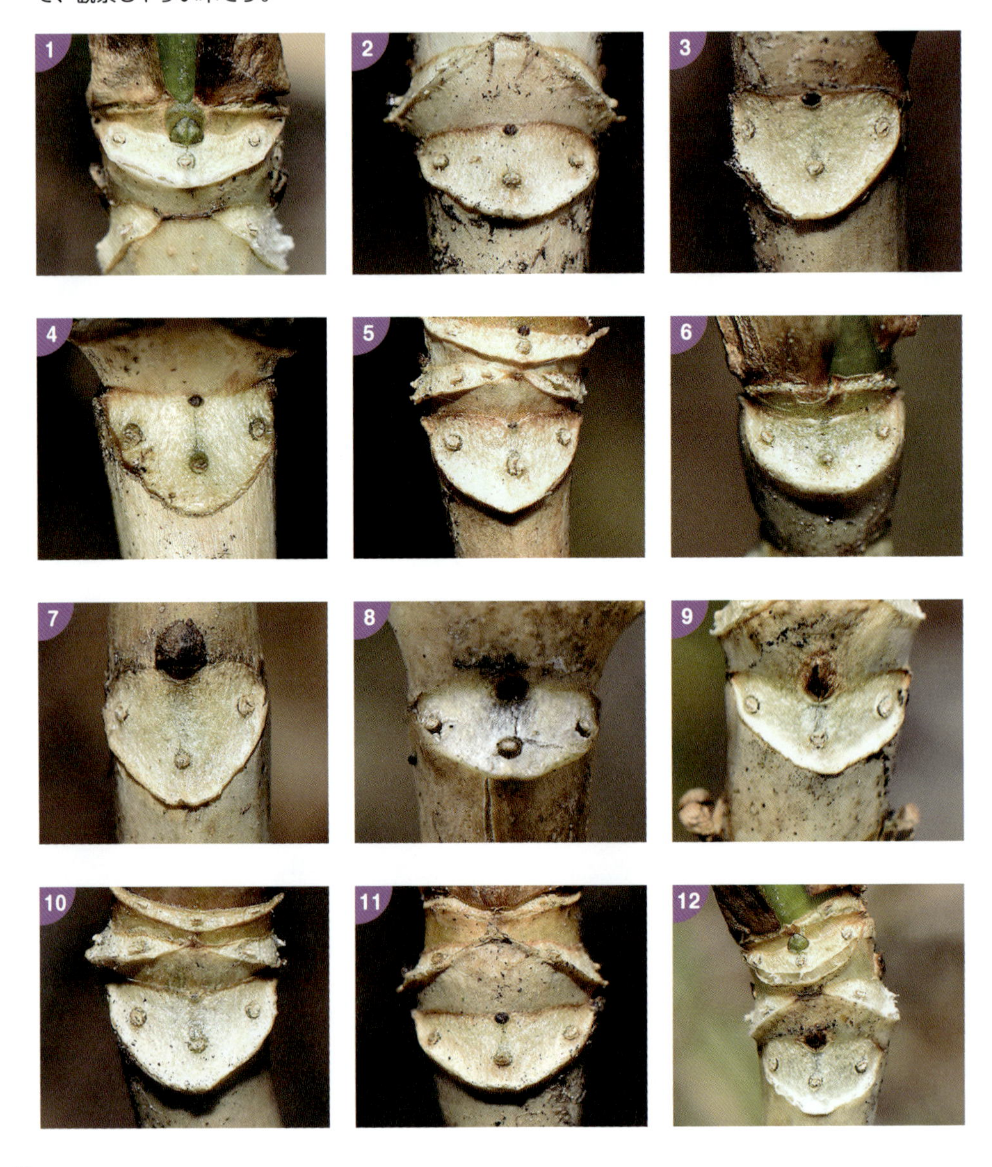

●オニグルミ

クルミ科の落葉高木。北海道から九州の山地に自生します。葉痕の幅は 9〜10 mm くらいと大きいのですが、自生地が山地でまた手の届かないような高木が多く、観察のチャンスは低いかもしれません。

●サクラ（ソメイヨシノなど）

バラ科の落葉高木。葉痕の幅は 3〜4 mm くらいで小さく、観察しにくいのですが、身近な生物で観察のチャンスは高いでしょう。

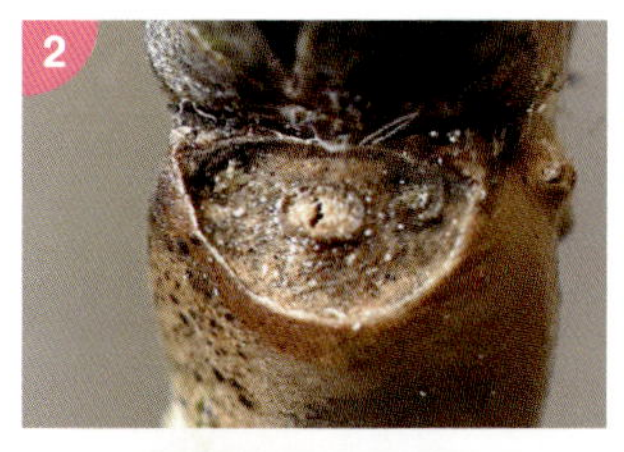

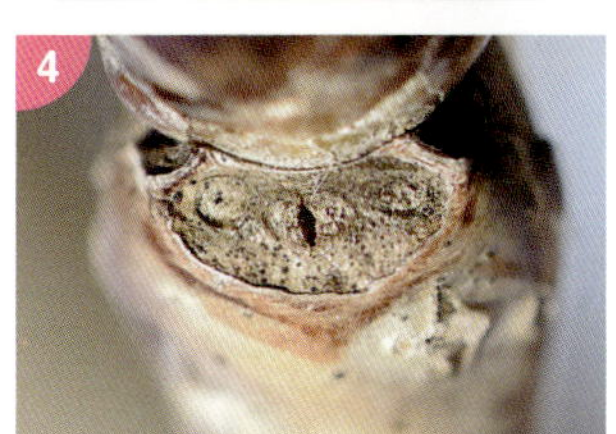

●クズ

マメ科のつる植物で、つるは木質化しています。北海道から九州の里山などに自生します。葉痕の幅は5〜6 mmと比較的大きく、観察しやすい植物です。

37ページの答え：16と25が同じです。

●カラスザンショウ

ミカン科の落葉高木。本州から沖縄の里山などに自生します。葉痕の幅は7～9 mmと大きいので、観察はしやすいのですが、枝や幹にとげがあるので注意してください。

●クサギ

クマツヅラ科の落葉低木。ほぼ全国の平地や山地に自生。葉痕の幅は5 mm前後で、比較的観察しやすい木です。

観察と観測 ―気象観測とバードウォッチング―

観察はそれ自体一つの目的でもあり、観測の基礎にもなるものです。まず自然を自分自身の五感で感じることが重要です。

観測は自然現象の解明や予測、予防（防災）など社会的に貢献する目的で行われることが多いのですが、観察はむしろ個人の楽しみや能力向上などが目的で、学習的な面が強いでしょう。しかしもちろん、観察データで論文を書き、科学的貢献もできます。観察と観測の間には明確な境界はないかもしれません。

気象観測

気象観測では「観測とは自然科学的方法による現象の観察及び測定」とされています。観察は目視による天気や雲の状況、雷などの観測で、測定は風向風速計や気圧計、温度計などの機器による観測です。

風向風速計
自動で風の向きや強さを測定し記録する機器です。

風向風速計は、雨の日も風の日も一瞬も休むことなく、そして自然に忠実に観測を続けています。風の向きや風の強さを測定して、天気予報や防災に活用します。観測とは自然現象を忠実に測定することです。観測には普通、いろいろな機材（測定器）が使われ、自然現象をデータとして

アメダス観測所

記録します。気象観測や天体観測などがその例です。

アメダス(地域気象観測システム) のように観測自体は無人化されているものもあります。以前は、人間が温度計や気圧計等の目盛りを目で見て読みとり、それらのデータを電信で中央に送信し、天気図を手作業で描き、天気予報を出していました。今ではほとんどリアルタイムに自動的に観測データが集められ、コンピューターを活用して天記図が作成されて、天気予報や台風の進路予想、気象警報などが発表されています。将来、自然観察もこのように自動化されるのでしょうか?

観察と観測

観測は機械化によってかなり自動化されてきましたが、観測や観察で得られたデータを分析して利用するのはあくまで人間ですし、また、解析の方法や方程式を考案したり、測定機器を開発するのも人間です。そのためには、やはり自然に対する鋭い観察力や洞察力が必要です。自然観察は一般にいつでもどこでも手軽にでき、特に高価な機材を必要としませんが、正しい客観的な観察能力が観測技術や能力の向上につながると思います。したがって、今後もどの分野でも観察能力は不可欠と思われます。

主な自然現象の観察、観測と予測の表(この表は一つの試案で、決定的なものではありません。)

	対象	観察	観測	予測	制御
野生生物	数万種 (種を単位とした場合の日本の生物種。昆虫などでは、さらに卵、幼虫、さなぎを対象とすることもある)	種類、形態、生態、行動、分布など (あまり機材を使わずにできる面もある)	個体数、生産量など (まだ、かなり人手による)	ある程度可能 (害虫の発生予察など。初期値(現在の発生量)が正確に把握できないので、予測は難しい)	農薬や天敵、狩猟などにより個体数を制御することはある程度可能
気象	気温、雨量、気圧、風向、風速など数十要素 (観測所や観測目的などによって増減)	雲や生物季節など目視による	気象測器でかなり自動化	かなり可能 (天気予報や台風の進路予想などはかなり精度が向上)	ほとんど不可能 (茶畑でファンを回して霜を防ぐことや、建物内の空調による制御など局所的には可能)
天体	太陽や月などの天体	肉眼や望遠鏡など	望遠鏡、人工衛星、電波(電磁波)などの利用で、かなり機械化	日食や月食、日の出時刻などの予測は大変正確	不可能 (惑星や月などの軌道を変えたり、消滅させることは不可能)
地震	揺れや震源地、規模など	体感	地震計などの機器による	ほとんど不可能 (確率的にはある程度予測可能)	不可能 (耐震や免震構造で揺れに対応)

野生生物では予測が難しいので、かえって思いがけない珍しい生物に出会えるチャンスもあり、出会えた時は大喜びです。大気現象の虹も同様ですね。

バードウォッチング

楽しいバードウォッチング

バードウォッチングは野鳥観察です。野鳥観測とはあまり言いません。バードウォッチングは普通、自然に親しみ、野鳥の姿を見たり、声を聞いて、あるいは写真を撮って楽しむ面が強いようです。もちろん、野鳥の個体数を数えたり、生態などを記録する場合もあります。野鳥を自動的に観測する方法もないわけではありませんが、ごく一部の場合で、まだ人手で行うのが一般的です。

■バードウォッチングに必要な機材

—カメラやスマホ等以外は電気（電池）などのエネルギーを特に必要としません—

- 双眼鏡
- 望遠鏡
- 記録用具（メモ・筆記用具、現在ではスマホなどに記録）
- 野鳥図鑑
- 必要に応じてカメラ、録音機など

生物季節観測

桜の開花やウグイスの初鳴きの観測を気象台などで行っていますが、自動化されていません。サクラの場合、人間が特定の木（標本木と言います）を観察して、一定数開花したら、

サクラ（ソメイヨシノ）の開花

ウグイスのさえずり

開花発表をするわけです。こうした生物現象の記録は生物季節観測と言います。ウグイスの初鳴きを気象台の方がその地域でその年に初めてさえずりを聞いたら、初鳴きと記録するのです。生物季節観測は生物の注意深い観察で行われているのです。生物季節観測はこの他にも身近ないろいろな生物で行われています。

生物の個体数調査

個体数は、生態学では重要なデータの一つです。そのデータを得るには、いまだに目で見てカウンター（数取り器）で数える方法が一般的です。それは、種を判定して個体数を計測する機器がまだ開発されていないのと、野鳥の名前がわかれば、比較的簡単に、あまり費用もかからず、人力で調査できるからです。

日本で冬を過ごす渡り鳥のハクチョウやカモ類が入り交じって生活している湖の調査では、それぞれの種類を見分けて、個体数を数えます。これも、今のところやはり人海戦術に頼っています。いずれ自動計測が可能になる時代がくるかもしれませんが、バードウォッチングはなくならないでしょう。観測と観察は目的など異なる面があるからです。

渡りをするヒヨドリの群れ。何羽いるでしょう。

湖の鳥たち。何という種類が何羽ずついるでしょう。

採集して観察

バードウォッチングでは、野鳥を採集せずに（捕獲には許可や狩猟免許が必要です）、双眼鏡などを使って観察します。これに対して、昆虫などの小動物は、体が小さい種が多く、また飛んで逃げたりするので、捕まえないとよく観察できない場合も少なくありません。昆虫類は、天然記念物や保護区等では採集に許可が必要ですが、それ以外では一般に採集は可能です。ただし、どんな場所でも所有者がいますので、無制限に立ち入って採集できるとは限りません。また、今後、採集制限がさらにきびしくなることも考えられます。特に、特定外来生物は身近にいる種も多く、うっかり採集しないよう注意が必要です。今後、採集のあり方について検討が必要と思われます。一方で将来、技術開発が進み、昆虫を捕まえなくてもある程度観察できる時代が来るかもしれません。それでもできるだけ実物を観察することがポイントでしょう。

昆虫採集は単にその個体を捕まえるだけではなく、採集のプロセス、すなわちその昆虫の生息環境、出現期、行動などいろいろな情報を把握、理解できる効果もあります。

捕虫網を使った昆虫採集

博物館での観察

展示された標本の観察が中心になると思いますが、標本は時空間のスケールを圧倒的に広げてくれます。たとえば、あるチョウはその生息地にいかないと観察できませんが、博物館は多くの見学者がそこに来て、すなわち空間的に広範囲から人が集まり、さらに開館時間内ならいつでも見学でき、また、普通、標本は半永久的に保存されるという意味で、時空間的広がりが拡大するわけです。

現地でもまれな生物も、標本にすることにより、多くの人に観察の機会が生まれます。さらに資料として半永久的に保存することで、後世に役立つ可能性もあります。文化財的価値もあるわけです。ただ、標本の持つ情報量は野生の生きた個体と比べてかなり少なくなっていますが、標本にはこうしたメリットもあるのです。こうした博物館の見学によって、自然に対する興味が増し、知識が豊富になることも期待できます。

マルバネルリマダラというチョウの標本です。沖縄県西表島で採集されました。

普通種の場合でも、標本の価値は計り知れません。写真で残したとすると、情報は色と模様、形、大きさくらいしか得られません。標本なら、変異を発見したり、計測することもできます。

動物園、水族館、植物園での観察

動物園でも人気のあるコアラ

生きている個体の展示が中心で、各個体そのものは自然ですから、少なくとも個体レベルの自然が観察できます。また、動物の場合はかなり行動は制限されていて、野生状態とは異なる面が多いと思いますが、ある程度、自然的な行動も観察できます。たとえば、えさのとりかたなどです。もちろん、自然の面だけではなく、人為的条件下での行動を観察するのも興味深いかもしれませんし、野生状態では観察が難しい行動も動物園や水族館等では比較的容易に把握できる場合もあります。

二兎を追う者は一兎をも得ず
―自分にとっての一兎とは？―

自然観察では、観察の対象が限定されてしまうことがあります。しかし、野鳥だけでなく、そのえさになる植物や天敵というように関心が広がってくるかもしれません。多くの対象を観察して、「二兎を追う者は一兎をも得ず」にならないために、「自分にとっての一兎」を考えてみましょう。

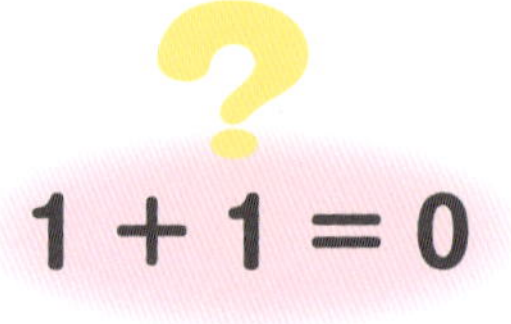

好きな生きものや得意な分野があると思います。野鳥観察や昆虫観察、水辺の観察などいろいろな観察パターンもあると思います。昆虫でもチョウが好きだとか、トンボの生態に興味を持っているとか、さらに細かくなる場合も少なくないでしょう。時間的面や能力面などから、観察の対象を限定しているかもしれません。しかし、たとえば昆虫観察をしていると、そのえさの植物の知識も必要になってきますし、その天敵の野鳥にも関心を持つかもしれません。でも，野鳥と昆虫観察の両方に手を出すと「二兎を追う者は一兎をも得ず」ということわざのように、どちらもものにならないという心配が出てきます。

生態系は食物連鎖などを通じてつながりを持っています。特に、里山とか川とか、景観や地域を対象とした観察では、多様な生物の知識が必要となります。そこで、「植物」や「昆虫」、「野鳥」などをまとめて「一兎」と考えてはどうでしょう。少なくともそういう姿勢で観察を行えば、広い視野で現象をとらえ、地球規模での環境問題も考える基盤にもなるかもしれません。つまり「一兎」を狭く（小さく）限定せずに広く考えてみるのです。

多様な生きものをいっしょにして、全体を一兎として観察してみては？

1＋1＋1＋1＋1＋・・・・＋1＝**1（大きな一兎）**

食物連鎖によるつながり

食う者（消費者）食われる者（えさ）という栄養段階を示す図です。なお、2次～3次など複数の段階に属する種も少なくありません。

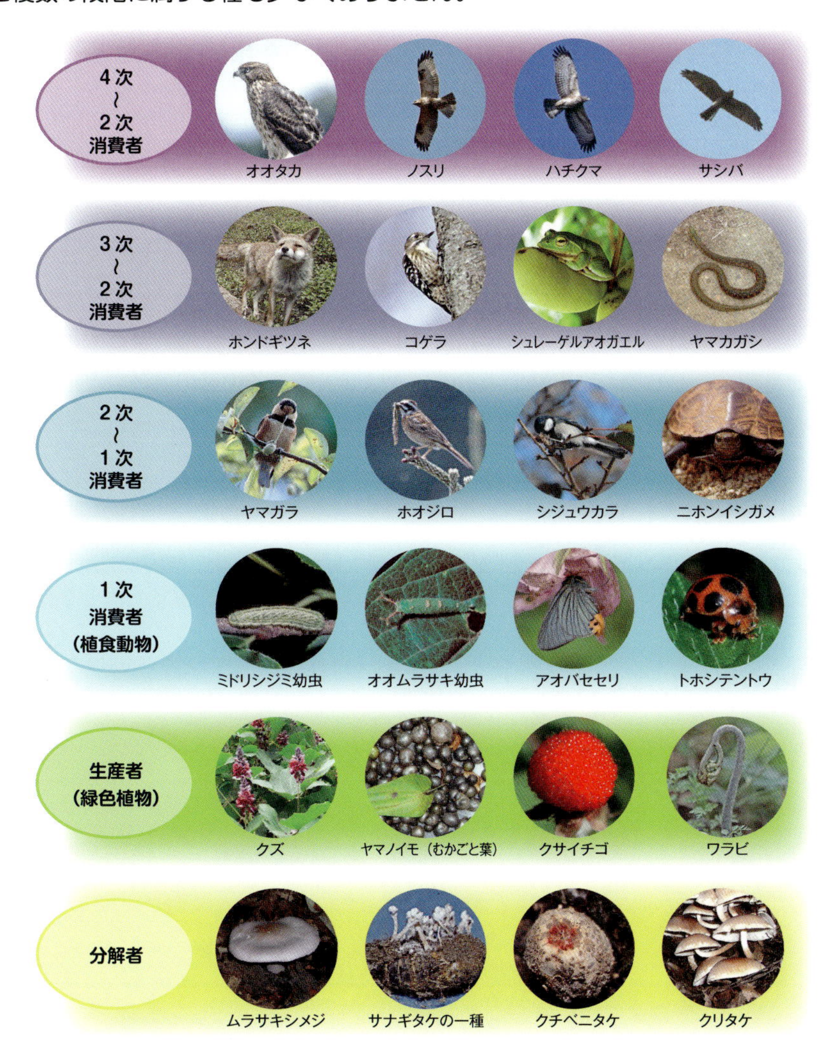

たとえば、野鳥類は植物を食べる種や哺乳類を食べる種まで多様で、それらえさ生物にも関心が持たれます。食物連鎖は季節によっても変化します。この図ではハチクマは夏鳥で冬にはいませんし、ヘビやカエルは冬眠します。また、ヤマガラやシジュウカラ等は冬は主に植物の種子や果実を食べ、春から夏には昆虫等を食べ、季節によってメニューが変化します。

この章の写真はすべて近畿大学奈良キャンパス（奈良市郊外）の里山（面積：約1k㎡）で撮影。なお、この図はイメージで、必ずしも直接の連鎖を示すものではありません。また、各生物の主要な食物（えさ）で消費者を分類し、主食でないえさ（たとえばキツネの植物）は考慮していません。

五感を使った自然観察

どんなに測定機器が発達しても、五感の活用は不可欠です。五感を使っていろいろな自然を観察してみてください。学習や経験で五感は互いに補い合うこともあります（例：果物などでは色で味を推定するなど）。なお、五感では感知できない放射線のようなものもあります。

自然を測定する機器がどんなに発達、普及しても、人間が「ヒト」という生物である以上、感覚器官を活用して生活することは不可欠です。そして感覚器官は使えば使うほど冴えます。いつの時代でも、特に災害時には感覚器官にたよらざるを得ないと思います。ここではいくつかの例を紹介しますが、五感による観察は非常に多彩ですので、あとは皆さんで試みてください。自然界では一般に、同時に複数の情報（色と形、音と姿など）を得ることができます。もちろん、五感による感じ方は個人差やその時の気分などによる変化があり、音や香り、味など正反対に感じる人がいても不思議ではありません。

個体数、行動：目（視覚）

個体数も一般に目で見て数えます。動物の行動も目で観察しますが、録画して解析することが多くなっています。野鳥や虫の鳴き声などを耳で聞いて個体数を把握することもあります。

ニュウナイスズメの群れ。生態学の調査では、その生物の個体数を知ることが重要です。

スズメの交尾。行動パターンは種々に分類でき、時間とともに変化していきます。

トウモロコシに寄生する**ムギクビレアブラムシ**。害虫の調査には個体数を把握することが不可欠です。

色、光、模様、形、大きさ：目（視覚）

自然観察で最もよく活躍するのは目（視覚）でしょう。視覚は目で光エネルギーを受けて使える感覚です。自然は本当に多様な色、形、模様からできています。

アサギマダラ：チョウという形。あさぎ色（水色）。まだら模様。

アゲハモドキ（ガ）：翅（はね）の形や色、模様がアゲハチョウ（特にジャコウアゲハ）そっくりです。

テングチョウ：枯れ葉に止まって越冬しているテングチョウ成虫の形を識別できますか？ 大きさ、色、模様も枯葉そっくりです。

照葉樹**ツバキ**：色の分類のしかたにもよりますが、1種類の植物の花の色は1～2色が多いようです。また、ツバキの葉は光沢があります。

葉の裏が白っぽい**ウラジロノキ**。植物では、意外と葉裏が白っぽい種が多いようです。

光芒：輪郭のはっきりした厚い雲の隙間から太陽光が漏れ、その光の筋が明るく広がって見える現象。

音：耳（聴覚）

自然の中には動物の鳴き声をはじめいろいろな音があります。特に繁殖期に美しい声で鳴く生物は野鳥や昆虫、カエルなど多彩です。

澄んだ声で天空でさえずるヒバリ

以前は各地の水田で盛んに鳴いていた**トノサマガエル**。今では、準絶滅危惧に選定されています。

美しい声で秋の夜長を鳴く、**マツムシ**

羽音：ハチドリのようにホバリングしながら蜜を吸うホシホウジャク（スズメガ科）

ソヨゴ：この木自体は音を出しませんが、葉が風にそよぐという意味からこの名がつけられました。

清流：水が流れる音だけではなく、涼しさやさわやかさも感じられます。

香り：鼻（嗅覚）

花の香りをはじめ自然の中にはよい香りのする生物がたくさんいます。季節ごとに観察できます。ただ、よい香りかどうかは、個人差もあり、その香りを好まない人もいます。

ヤマユリ：強い甘い香りのするユリで、中部以北に分布します。西日本にはササユリが分布します。

キンモクセイ：おなじみの香りのよい花を咲かせる花木です。

雄の翅（はね）がレモンのような香りのする**スジグロシロチョウ**。

臭い：鼻（嗅覚）

一般に嫌われる臭い（悪臭）のする生物です。

その名も**ヘクソカズラ**（屁糞蔓）というつる植物で、葉や茎は悪臭がします。花はかわいいのですが。

クサギ（臭木）で、葉や茎は悪臭がします。花はユリのようなよい香りがします。

カメムシの中でも特に臭い**クサギカメムシ**

甘い味、おいしい味：舌（味覚）

野山には甘い味、おいしい味のする生物（ほとんどが植物の果実）が生育しています。種類を間違えないように注意して、味わってみましょう。

ミツバアケビ：里山の代表的な甘い果実です。秋に熟します。

クサイチゴ：大変甘い野イチゴで、初夏に熟します。

カヤ：針葉樹で、果実は秋に熟し、アーモンドのような味がします。

苦い味、からい味、酸っぱい味：舌（味覚）

苦い味やからい味のする植物も自生しており、主に薬草や香辛料として利用されています。

サンショウ：果実は粉にして香辛料や薬用として利用されます。

スイバ（左）と**イタドリ**（右：太い茎）：茎をかじると酸っぱい味がします。

センブリ：株全体に強い苦味がある薬草です。

手触り：手など（触覚）

柔らかい手触り、ぬるっとした感触、形や大きさの違いなどいろいろな触覚が体験できます。

ビロードモウズイカ：外来種。葉は毛布のよう。撥水（はっすい）性もあります。

ナメコ（市販品）：ぬるぬるとした感触と食感。

ドングリ類：3種のドングリ類です。大きさ、形から触っても区別できるでしょう。

痛み：皮膚（触覚）

触ったり、刺されたりすると痛みを感じる棘や毒針などのある生物で、十分注意して観察しましょう。

カラタチ：枝に鋭いとげがあります。

アメリカザリガニ：「はさみ」ではさまれるとかなり痛い！

クリ：いがにとげがあります。

オオスズメバチ：日本では最も毒の強いハチです。

かゆみ：皮膚（触覚）

刺されたり、触ったりするとかゆみを覚える生物です。

チャドクガの幼虫：刺されると激しいかゆみと炎症を起します。

成虫も刺します。

ツタウルシ：触るとかぶれ、かゆくなります。

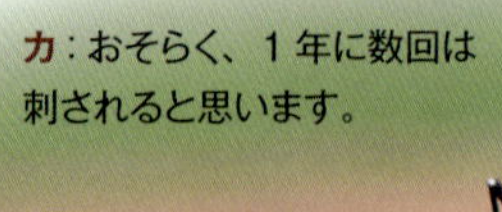

カ：おそらく、1年に数回は刺されると思います。

熱（放射熱、伝導熱）

熱さ、冷たさも皮膚で感じます。

火：熱は皮膚で感じますが、炎は目で、煙は目や鼻で感じられます。

ネコの日向ぼっこ。日光は光として目で、熱として皮膚で感じ、動物は快適な場所を知っているようです。

雪：冷たさは皮膚で感じます。冬に実が熟すフユイチゴに積った雪。

風の視覚化、聴覚化

風は風圧として皮膚で感じますが、物が揺れることで、風の強さを知ることができ、また風鈴のように音としても知覚できます。ビューフォート風力階級は物の揺れ具合などから風速を推定する方法です。

コナラ：葉の裏が白っぽいので、風にそよいでいるのが目で感知できます。

穂波:イネは広い面積に一様に生育しているので、風の吹き方に波（風の息）のあることや方向、幅などの情報も得ることができ、見ていて興味が尽きません。

注意

自然を五感で観察、感じる場合、特に有害、有毒な生物には十分注意してください。ドクガやスズメバチ、マムシなどはむやみに触らないでください。太陽を絶対に直接、目で見ないでください。また、山菜等の採取、農地等での観察ではその土地の所有者に了解を得たり配慮する必要があります。

かわいらしさの秘密と観察

かわいらしさは感覚や感性の世界かもしれませんが、身近な生きものをいろいろな面から観察すると、その秘密が解明できるでしょう。おもしろい観察のテーマは日常生活の中にもあります。テーマを見つけることも観察のポイントの一つです。

私たちはいろいろな場面で「かわいい」という言葉を口にしたり、耳にする機会が多いですが、その対象は生きものである場合も少なくありません。また、生きものをモチーフとしたかわいいグッズ類もたくさんあります。「かわいい」かどうかは個人の感じ方の問題で、科学的分析には不向きかもしれませんが、かわいらしさにはある程度の傾向が認められるようです。ここではいくつかの例を示しますので、どれがかわいいと感じるか、皆さんで判断してみてください。写真で示しますが、ぜひ実物を観察してかわいらしさの秘密にせまってください。

形

一般に丸味をおびた形がかわいいと感じられるようです。

●ダンゴムシ

体を丸めることができる虫ですが、どのポーズがよりかわいいですか？

●両生類・爬虫類

一般に細長いヘビのような生物はかわいくなく、嫌われる傾向があるようで、ヘビよりは丸味を帯びているカエルやカメなどは好まれるようです。

ニホントカゲ

シマヘビ
（スズメを捕食）

シュレーゲルアオガエル

ニホンイシガメ

●鳥類・哺乳類

ダンゴムシほどではありませんが、体を丸くすることができ、立っている姿勢よりは丸くなった姿勢のほうかわいらしく感じるもしれません。

カルガモ：首を伸ばしている個体と丸くなっている個体。

ネコ：丸くなって寝ている個体。

模様

かわいらしさで人気の高いパンダは白と黒の単純な模様です。模様に関していろいろなテントウムシで観察してみましょう。ここでは翅（はね）の黒い紋（星）の数の（少ない）順に示します。どのテントウムシがよりかわいいでしょう。

0紋：キイロテントウ

2紋：フタモンテントウ

4紋：ヨツボシテントウ

7紋：ナナホシテントウ

10紋：トホシテントウ

12紋：
ジュウニマダラテントウ

13紋：
ジュウサンホシテントウ

19紋：
ジュウクホシテントウ

28紋：
ニジュウヤホシテ ントウ

イメージ

同じように色がシンプルで丸味があっても毒がない、脚などの突出部が目立たないなどの要素もかわいらしいイメージに重要と思われます。クモははじめから気持ち悪いというイメージがあるようです。

毒グモ：
セアカゴケグモ

人気の高い昆虫：
ナミテントウ

しぐさ、ポーズ

動物はいろいろなしぐさをしますので、実物でよく観察してみましょう。

●スズメのいろいろなポーズ

全体と部分では？

同じ生きものでも観察する部分によって、かわいらしさの感じ方がちがってきます。体全体がかわいいと感じても、ある部分は逆に気持ち悪いと感じるかもしれませんし、その逆もあると思います。

●イモムシ（ヤママユの幼虫）

全体

顔の部分

●ヤママユの成虫

全体

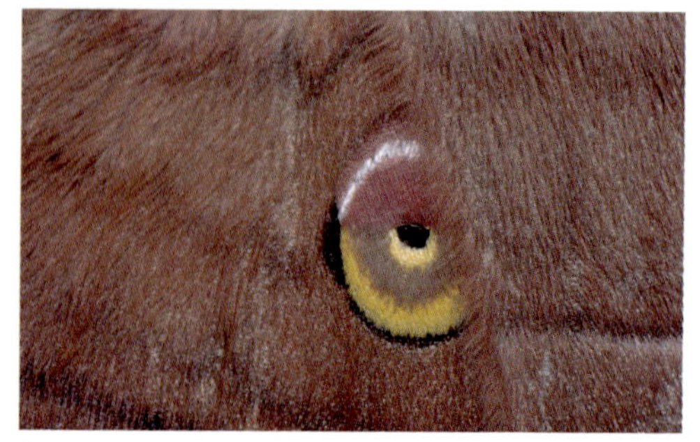
翅（はね）の目玉模様の部分

個体数（単独か群れか）（ここでは「群れ」とは複数の個体の間隔がおおよそ、体長よりも短い場合をさします）

1匹だと寂しく感じたり、逆に大勢だと、圧倒されたり……、かわいいと感じる数は？

●スズメ

1羽　2羽　3羽　5羽

●キイロテントウ（木の幹で越冬中の成虫）

1匹　3匹　13匹

ぬいぐるみのように毛がふっくら

一般にぬいぐるみのようにふっくらした生きものがかわいいと感じられるようですが？

クマバチ
（腹部に毛が少ない）

マルハナバチの1種
（腹部が毛でふさふさ）

■「かわいい」を探してみよう

「かわいい」と感じる要素はこれ以外にもたくさんありますので、いろいろな生きものをいろいろな面から観察してみてください。

子供がかわいい？ 大人がかわいい？

ふだん「かわいい」と感じながらも、深く考えてみることのなかった生きものの子供（幼体）について、一度じっくり観察・考察してみましょう。もちろん「かわいい」という感じは、分析が難しい面も多いと思いますが。

生きものは一般に子供（幼体）のほうが大人（成体）よりも「かわいい」とされていますが、果たしてどうでしょうか。いくつかの例を示しますので、皆さんで観察してみてください。

昆虫類

昆虫は卵、幼虫、さなぎ、成虫と変態するグループ（完全変態）とさなぎの時代のないグループ（不完全変態）があります。前者は幼虫と成虫では見た目でも形態が大変異なりますが、後者は幼虫と成虫の形態はかなり似ています。

●ナナホシテントウ

幼体（幼虫）は成虫とは色も形も大変異なっています。ちなみにテントウムシの成虫のグッズはたくさんあるのですが、筆者は幼虫のグッズは見たことがありません。

●キイロテントウ

同じテントウムシでも、幼虫は成虫とやや似た黄色をしていますが、形はやはり大変異なっています。

●キアゲハ

チョウやガの幼虫はイモムシや毛虫です。グッズやデザインにはチョウの成虫がよく使われていますが、幼虫（イモムシ）のグッズも見られます。

●アブラムシ（ユキヤナギアブラムシ）

アブラムシは主に春には雌だけで繁殖し、しかも卵でなく幼虫を産みます。幼虫は成虫と同じような形をし、親子とも同じ場所で植物の汁を吸って生活します。幼虫は成虫に比べておしりの突起が短く、体に比べて頭が大きいのが特徴です。

一番大きいのが成虫で、他は幼虫です。幼虫と成虫でどちらがよりかわいいと感じますか？（成虫の体長は約2mm）

●ツチイナゴ

バッタ類も幼虫と成虫はほぼ同じ形をしています。ここでは、ほぼ同じ大きさで示しましたが、どちらが幼虫かすぐ（何となく？）わかると思います。それはなぜでしょう？

両生類

卵、幼生（オタマジャクシ）、幼体、成体と変化しますが、一般にオタマジャクシまでは水中で生活します。

●ニホンアマガエル

成体とオタマジャクシから変態した幼体をほぼ同じ大きさで示しましたが、これもどちらが幼体かすぐわかると思います。それはなぜでしょう？

鳥類

野鳥のひなや幼鳥は成鳥に比べてくちばしが鋭くなく、体が丸味を帯び、ふっくらとしています。ただ、ひなの期間は短いこともあり、親鳥に比べて観察できるチャンスは低いと思います。

●スズメ

これもどちらが親鳥で、どちらが幼鳥かすぐわかると思います。

●カルガモの親子

哺乳類　―ニホンジカ―

ここではシカを例に、哺乳類の子供と親（成体）の形態の違いから、どちらがよりかわいいと感じられるか、比較検討してみましょう。各組の写真は（左右）ほぼ同じ大きさで示しています。各組の写真で、どちらが子供かすぐわかると思いますが、それはなぜでしょう。また、子供のほうがかわいいとすればその要素は何でしょう。

子供と成体のチェックポイント

●頭：正面顔

頭（顔）：耳と頭の長さの割合、丸味
頭：幅と長さの割合（子供と成体でどちらが細長いか）
耳：形、丸味
目：目から耳と目から口先の長さの割合

●頭：横顔

頭（顔）：耳と頭の長さの割合、丸味
耳：形、丸味
目：目から耳と目から口先の長さの割合
目：頭に対する大きさの割合

哺乳類の親子は動物園でよく観察できると思います。

親子でいる動物をよく観察し、かわいらしさの秘密を解明してみて下さい。

植物

植物では、芽生えと成木や成株の比較、果実の場合は未熟な果実と熟した果実の比較になります。ここでは3種類の植物の例を紹介します。

●コナラ

木の子供（芽生え）の葉は、成木と同じくらいの大きさをしている種が多いようです。成木は幹の直径が数cm～数十cmと太いのに対して、芽生えでは、mm単位です。葉と幹（茎）のこうしたアンバランスがかわいらしさを感じさせるのかもしれません。

芽生え

成木の枝

●クロマツ

クロマツやアカマツでは、春には今年（まだめしべの状態ですが）、去年、おととしの3世代のマツボックリ（球果）を同じ枝で観察できる場合があります。

今年のマツボックリ（雌花）

去年受精したマツボックリ

おととしのマツボックリ（種子は落ちています）

●クリ

クリの子供（雌花）：もう、いがの形をしています。

未熟な果実

熟した果実（食べられる状態）

「ヒメ」はかわいい?

ふだん口にしたり、耳にする「かわいい」という言葉を「ヒメ」や「コ」、「スズメ」といった和名のつく生物を観察して、その意味や秘密を考えてみましょう。分類学的にかけ離れた種ではなく、同じ科の同じ属の生物に「ヒメ」などという和名がつけられている例が多いようです。

生物には和名に「ヒメ」とついている種がたくさんあります。ヒメは本来の「お姫様」の意味の他に、「小さくてかわいい」という意味もあります。生物の場合は同じグループ(科や属といった分類階級)内で、大型の種と小型の種がいる場合、小型な種に「ヒメ」と命名される例が多いようです。ここではいくつかの例で、「ヒメ」が本当にかわいいかどうか、その場合の理由について考えてみましょう。さらに、ここでは「ヒメ」と同じような意味を持つ「コ」や「スズメ」(「カラス」に対して)も取り上げてみました。写真では一面しか示すことができませんが、動物では行動やしぐさを伴なうと感じ方が違ってくると思いますので、できるだけ生きた実物で観察してみてください。

昆虫(成虫)

種によって拡大したり、縮小したりして示しましたが、比較する種どうしでは大体同じ比率にしてあります。

●ヒメカメノコテントウ
(テントウムシ科 *Propylea* 属)

●カメノコテントウ
(テントウムシ科 *Aiolocaria* 属)

●ヒメアカホシテントウ
(テントウムシ科 *Chilocorus* 属)

●アカホシテントウ
(テントウムシ科 *Chilocorus* 属)

●ヒメアカタテハ(タテハチョウ科 *Vanessa* 属)

●アカタテハ(タテハチョウ科 *Vanessa* 属)

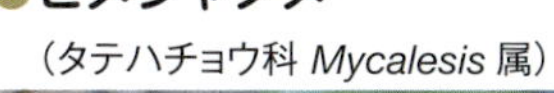
●ヒメジャノメ
（タテハチョウ科 *Mycalesis* 属）

●コジャノメ
（タテハチョウ科 *Mycalesis* 属）

●ジャノメチョウ
（タテハチョウ科 *Minois* 属）

●コムラサキ
（タテハチョウ科 *Apatura* 属）

●オオムラサキ
（タテハチョウ科 *Sasakia* 属）

●コチャバネセセリ
（セセリチョウ科 *Thoressa* 属）

●チャバネセセリ
（セセリチョウ科 *Pelopidas* 属）

●オオチャバネセセリ
（セセリチョウ科 *Polytremis* 属）

●ヒメヤママユ（ヤママユガ科 *Saturnia* 属）

●ヤママユ（ヤママユガ科 *Antheraea* 属）

植物

植物は主に花の比較になりますが、同じような環境に生育し、花期などが同じ種なら、同時に比べることも可能です。ここに紹介したヒメコバンソウとコバンソウ、スズメノエンドウとカラスノエンドウ（ヤハズエンドウ）はその例です。こうした例は他にもかなりあると思います。

●**ヒメオドリコソウ**（シソ科 *Lamium* 属）　●**オドリコソウ**（シソ科 *Lamium* 属）

●**ヒメコバンソウ**（イネ科 *Briza* 属）　●**コバンソウ**（イネ科 *Briza* 属）

2種が同じ場所に生育。大きさの比較。

●**ヒメウズ**（キンポウゲ科 *Semiaquilegia* 属）

●**トリカブトの１種**（キンポウゲ科 *Aconitum* 属）

（ウズ（烏頭）とはトリカブトのことで、
本種はヒメトリカブトの意味になります）

●**スズメノエンドウ**（マメ科 *Vicia* 属）

●**カラスノエンドウ（ヤハズエンドウ）**
（マメ科 *Vicia* 属）

２種が同じ場所に生育。大きさの比較。

1匹の生きもののインパクト

自然観察会では、その日のお目当ての生きものがあると思います。その生きものが現れ、観察できたら大喜びです。しかし、見られなかったら、がっかりです。たとえ1匹の昆虫、1羽の野鳥、1本の植物でも、私たちに大きな感動を与えてくれるのです。

たとえ1匹の虫でも、われわれを感動させる生命力があり、自然の偉大さを感じることがポイントです。普通種でも感動的な出会いや発見は少なくないでしょう。

人間よりも偉大な1匹の虫

本日の自然観察会のお目当てはオオムラサキです。翅(はね)を広げると10cmほどの大きさがあり、雄の翅の表は紫色に輝く美しく、カッコいいチョウです。日本昆虫学会学会選定の日本の国蝶です。切手のデザインに使われたこともありますし、環境省の準絶滅危惧にも選定されている希少な種です。それだけに、期待の高まるチョウです。里山で、いつ現れるかとワクワクしながらの観察です。

そこにヒトという動物が現れてもだれも感動してくれません。むしろ嫌われるかもしれません。

しかし、オオムラサキが現れると、みんな感動し、大喜びです。たとえ１匹の虫でも、われわれに大きな感動を与えてくれ、人間よりもはるかに偉大な存在かもしれません。

自然観察会で人気のある生物は？

☆ 見るチャンスが少ない　☆ カッコいい　☆ 美しい　☆ かわいい

減少傾向にあるササユリ

かわいいエナガ

美しいコバルトブルーのカワセミ

希少でカッコいいヤマセミ

身近な生きものでも、よく観察すると新しい発見や、感動があるかもしれません。普通種でも、わからないことがたくさんあります。たとえば、スズメやヒヨドリは本当に留鳥でしょうか？ また、アサギマダラというチョウは1000km以上も移動することが、翅（はね）にマークすることでわかってきましたが、マーク個体が再び捕まえられる率は低いので、その発見もワクワクしますし、生態の解明にも貢献できます。

身近に見られる
甘党の野鳥**ヒヨドリ**

大群で移動する**ヒヨドリ**。いつでも身近に見られる野鳥ですが、大群で移動することがあり、感動的です。

スズメは本当に留鳥？

アサギマダラ
1000km以上も移動する昆虫です。写真のような翅にマークされた個体を見つけられたらラッキーです。

しぐさ　―特に動物の食事は真剣で、ほほえましい―

普通種でも、いろいろな行動やしぐさが観察できるとうれしいですね。野鳥なら、さえずりとか捕食、子育てなど。動物園や水族館でもお食事タイムは人気があります。

草の種子をついばむ**スズメ**

幹の中の虫を探す**コゲラ**

生命の誕生

産卵、孵化（ふか）、羽化などは生命誕生のシーンとして感動的です。特に昆虫の羽化シーンは比較的観察しやすく、大人（成虫）への劇的な脱皮として印象的です。鳥類や哺乳類などは徐々に成長して大人（成体）になっていきます。

ヒグラシの羽化

オオムラサキの孵化

季節感あふれる生きものも感動的

日本には四季があり、私たちは四季折々に出現する多様な生物に感動してきました。特に春は生命が蘇り、躍動する季節として印象的です。しかし、近年は多くの野菜や果物が年中出回り、季節感が薄らいでいます。また、ほぼ年中開花するセイヨウタンポポのような外来種の侵入によって、季節感が損なわれてきているようです。在来生物を観察して季節感や感動を味わってみましょう。

早春に咲く**ネコヤナギ**の花。
春が来た実感

年１回、春に羽化する**ギフチョウ**。
春の女神とも言われています。

夏に感動する生きものはたくさんありますが、セミ、カブトムシ、ホタルなどの昆虫が多いようです。

ホタルブクロ：昔はホタルを入れて遊んだと言われ、花の形がおもしろく、懐かしさも感じます。

ヘイケボタル：神秘的な光に感動

エノキタケ：天然もの

マツムシ：鳴き声に感動

秋は実りの季節で、また、マツムシやコオロギなどの鳴く虫の季節、そしてキノコなど味覚の秋でもあります。耳や舌などで自然を観察してみましょう。

冬は大部分の昆虫は冬眠しますが、それらを見つける楽しさや感動もあります。早春に開花するハンノキのような植物もあり、春はすぐそこまで来ていることが感じられます。

ウラギンシジミ：成虫で越冬します。

ハンノキ：地味ですが、早春に最も早く咲く花の一つ。

外来種や地球温暖化が季節感を狂わす？

セイヨウタンポポは外来種で、ほぼ年中開花していて、季節的な感動は薄れてしまいます。モンシロチョウも春に初めて見た時は感動しますが、秋に見る個体はなぜかあまり感動的ではありません。今後、外来種の侵入や地球温暖化で、季節感が薄れていく心配があります。

セイヨウタンポポ（4 月）。他の野草も開花。

セイヨウタンポポだけ開花（11 月）。

モンシロチョウ（4 月）。菜の花で吸蜜。

モンシロチョウ（11 月）。外来種セイタカアワダチソウで吸蜜。 何かちぐはぐな感じ?

1 種類の生物が必要とする多様な環境・条件 ―ナナホシテントウでは―

人間も含めどんな生物でも１種類では生存、繁殖できません。いろいろな生物でこうした生物の必要環境・条件に注目することが大切です。身近な生物で、今どんなところでどのように生活しているかを観察してみましょう。

ナナホシテントウって？

ナナホシテントウは日本全国に分布する普通のテントウムシで、特に草むらでよくお目にかかれます。

幼虫、成虫ともアブラムシ（アリマキ）を食べて生活しています。したがって、えさのアブラムシが絶対に必要ですし、アブラムシが寄生するいろいろな植物も必要です。

ナナホシテントウ成虫

えさのアブラムシ（ダイコンアブラムシ）

●卵の時代

卵は黄色で、数十個かためて産みつけられます。そのための産卵場所が必要です。ナナホシテントウは西日本では冬でも発生し、太陽熱を受けて温まりやすい枯れ葉などに産卵しますが、草むらに捨てられた空き缶などにもよく産卵しています。共食いや他の昆虫による捕食を受けやすい卵の期間をできるだけ短くする戦略のようです。

卵（卵塊）

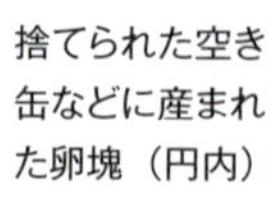
捨てられた空き缶などに産まれた卵塊（円内）

●幼虫の時代

卵からかえった幼虫はいろいろなアブラムシを食べて成長します。アブラムシが寄生している植物が野菜や果樹なら天敵として働いてくれます。

幼虫（アブラムシを捕食中）

ナナホシテントウとともに普通種のナミテントウ幼虫（右）

●さなぎの時代

幼虫は十分成長するとさなぎになります。幼虫は葉などに体を固定してさなぎになりますが、体を固定する場所（物体）が、かなり重要です。卵と同様、さなぎも動けないので、共食いや天敵に狙われやすいため、さなぎの期間もできるだけ短くしたほうが生存率が高まります。そこで、太陽熱を利用して成長を早めています。日中（特に太陽の南中時）日当たりのよい場所や太陽光がよく当たる体（さなぎ）の角度でさなぎになります。

さなぎ（腹面）

太陽熱をよく受ける
木の杭で蛹化

蛹化（ようか）：さなぎになること

晩秋には太陽高度が低く、ほぼ垂直な物体（ここではコンクリートブロック）で蛹化し、太陽熱を最大限に受けて、成長を早めています。

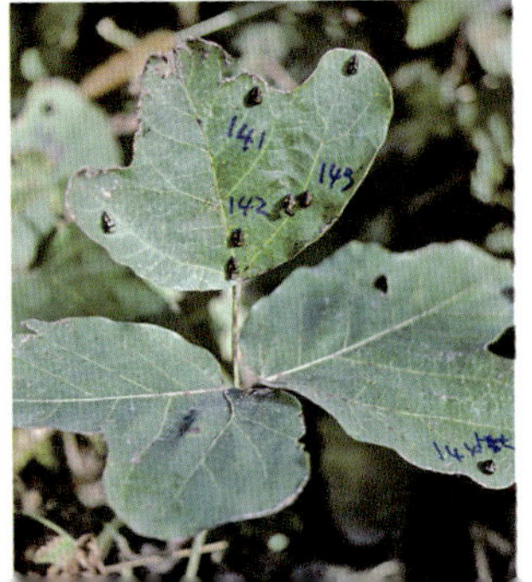

日中、太陽熱をよく受ける角度（11 月:垂直に近い角度）の葉（クズ）で蛹化（さなぎの番号を葉に書きこんで観察を続けました）

●成虫の時代［春、秋］

無事に羽化した成虫は幼虫と同じようにアブラムシを食べて生活します。成虫もやはり太陽の熱を利用して、活動を活発化しているようです。

アブラムシを捕食する成虫

交尾

太陽を背に写した写真。成虫の姿がかなり見られます（円内）。

同じ株を逆光で写した写真。成虫の姿は少なくなっています。

●成虫の時代［夏］

西日本のように暑い夏にはえさのアブラムシはあまり発生しません。それで、ナナホシテントウは暑い地方では、夏越し（越夏：冬眠のように活動を休止すること）します。越夏場所はススキなどの断熱効果の高い植物の株元です。北海道やヨーロッパなどの涼しい地域では夏でも春や秋と同様、活動しています。

ススキの株元で越夏中の成虫

ヨーロッパにもナナホシテントウは分布し、夏でも活動しています。（ベルギーのトウモロコシ畑で）

ナナホシテントウ成虫が越夏していたススキ株。円内（株元に近い所）が越夏場所。ススキ株を静かにかき分けて調査しました。越夏成虫は多い株では 100 匹を超えた記録があります。

ススキの株内の様子（円内で越夏成虫が多く観察）。

●成虫の時代［冬］

北日本（主に北陸、東北から北海道地方）

北海道のにように夏は比較的涼しく、冬はかなり寒い地方では、やはりススキなどの株元で越冬します。こうした越夏、越冬場所も厳しい季節の生存率を高めるのに重要です。

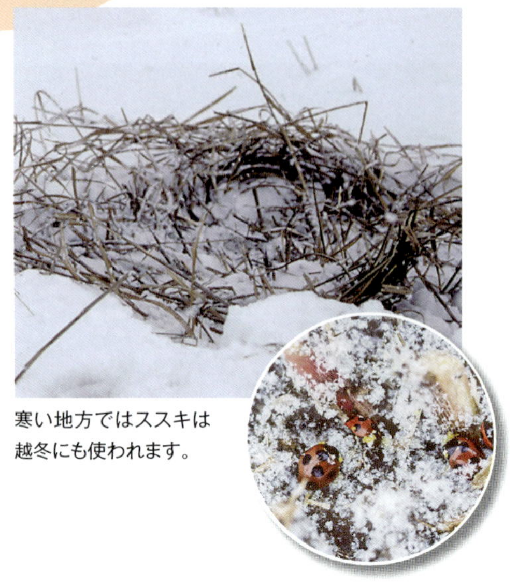

寒い地方ではススキは越冬にも使われます。

毛布のような葉をしたビロードモウズイカ。この葉の下でもテントウムシなどが越冬。

東日本～西日本（主に関東地方から西の温暖な地域）

ナナホシテントウは冬には地表付近で生活しており、そこではヤハズエンドウなどに発生したえさのアブラムシを捕食して、真冬でも活動しています。産卵や幼虫の捕食行動も観察できます。こうした地域ではナナホシテントウは冬の昆虫でもあるのです。よく2月頃にもうテントウムシが見られたと話題になりますが、それは特に珍しいことではありません。

冬でもアブラムシが発生し、ナナホシテントウが活動する畑の南向き斜面。

地面からの熱と太陽の放射熱で体温を高めて冬でも活動しています。

冬でも発生するアブラムシを捕食して活動する成虫。

■まとめ

ナナホシテントウは成長期や休眠期に、種々の植物の特性や太陽熱をうまく利用して、天敵や共食いを避け、えさ不足を乗り切って、生存率を高めていると考えられます。

他のテントウムシでは？

日本には約180種のテントウムシが生息していますが、種によっていろいろな環境条件を必要としています。ここでは、そのごく一部（成虫の越夏、越冬環境）を紹介します。特に樹木の生葉を利用する種が多く、その遮光性や蒸散作用による緩和された微気象をうまく利用しているようです。ススキなどの断熱効果を利用するナナホシテントウと比べて観察してみてください。

アカホシテントウ：ウメの木などに発生するカイガラムシを捕食し、葉裏で数匹の集団で越夏。

ヒメアカホシテントウ：普通1匹単位で、特にサクラの葉裏で越夏。

ナミテントウ：特に重なったソメイヨシノの葉の間などで越夏。

3種テントウムシ。ガの幼虫が綴ったアラカシの葉の内側で越夏。種を問わず好適な環境を選ぶようです。

キイロテントウ：クロバイの巻いた葉の内側で越冬。

ダンダラテントウ：はがれやすいトウカエデなどの樹皮下で越冬。

街の中の自然 —どんなレベルの自然?—

都市は人間がつくったもので、自然に乏しく、自然観察ができないとか、おもしろい観察ができないと思っている人が多いかもしれません、しかし、「自然ってなんでしょう」で紹介したように、細かく見ていくと、街の中でもいろいろな自然が見えてくるでしょう。

生駒山（奈良県と大阪府の境にある山）から西方の東大阪市や大阪市内を写したものです。建物ばかりで、緑もほとんど見当たらず、とても生きものが住んでいる気配が感じられません。「都市」は人間がつくったもので、明らかに人工物です。

それでも、大阪市内にも場所によっては緑地が見られます。こうした緑地は主に植栽された樹木や草から成り立っています。これらは明らかに「自然」です。街の中の自然とは、個々の木や草といった個体レベルで見た自然として理解できるでしょう。こうした植物が多少ともまとまって生えていれば、林のような感じにもなります。街の中にあっても、ある程度林としての機能を持っていれば、林レベルでの自然とみなせるかもしれません。

大阪市内にも里山の昆虫が！

下の写真は、大阪市内で見つかった昆虫の一部です。実はこれらの種はすべて里山に生息する昆虫なのです。そのうちミズイロオナガシジミはレッドリストに選定している県がいくつかあります。市街地ばかりで、生きものが何もいないような所でも、木や草あるいは林レベルでの自然があれば、こうした昆虫類も生息し、里山のような自然が見られるのです。たとえ里山林がなくとも、街路樹や緑地はたいていの都市にあり、生物の個体レベルの自然はあるはずですし、家の中で見られるハエやカのような昆虫に加え、何種類かのチョウなども生息していると思われます。もちろん葉や細胞レベルのような自然は市街地でも簡単に見つかるはずです。

大阪のような都市でもこうした昆虫もたくましく生きているのです。街での自然観察では、特に自然のレベルの認識や設定がポイントです。

３種の里山の昆虫は、写真のような場所の緑地に生息していました。いずれも大阪湾岸地域で、埋め立て地です。従って、埋め立て以後に植栽、生育した植物に発生したのでしょう。自力で移動してきた可能性は低く、移植植栽した樹木とともに、移入してきたと思われます。

街で生活する生きものでも自然資源は必要

街でも水（雨水）や酸素、二酸化炭素、日光のような生物の生存に必須な資源は郊外と同様に供給されています。人工物を利用して生活している生物でも、土やえさなどの自然資源を必要とし、これらを街の中で調達したり、あるいは郊外から得て生活しているわけです。時間的、季節的に市街地と郊外を行き来している生物もいます。

都市緑地に降る雨。雨水は自然資源として街にも供給され、さまざまな生命を育んでいます。

●ツバメ

ツバメは田園地帯で多く見られますが、市街地でも営巣し、繁殖しています。営巣場所としてコンクリートの建物も利用しますが、巣材は土（泥）とわら（枯れ草）でできています。こうした自然資源がないと生活できません。もちろん、えさの昆虫やクモなども必要です。

巣材の枯れ草を集めるツバメの親鳥。

巣材の泥を集めるツバメの親鳥。

営巣場所はコンクリートの建造物でも、巣材は泥や枯れ草の自然資源。

●ムクドリ

留鳥または漂鳥として、ほぼ全国的に、農地や市街地などでよく見られます。巣は木のうろのほか、電柱にあるすき間や人家の戸袋などのすき間につくられます。冬には、集団で街路樹や電線に止まって夜を過ごします。

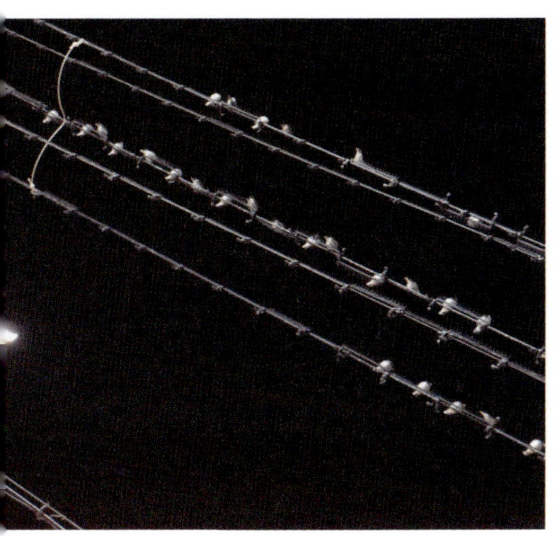

ムクドリは集団ねぐらの場所としてよく街中の電線を利用します。

電柱も営巣場所としてよく利用されます。

それでもえさをとる場所は草地などです。

●植物

コンクリートのわずかなすき間や割れ目、街路樹などの植栽ますの中に生育する植物も少なくありません。時には一つの植栽ますの中で、10 種ほどの植物が見られることもあります。こうした植物もコンクリートのすき間などから根を下ろし、その下の土から養分や水分といった自然資源を得て生活しています。また、街路樹の落ち葉による腐葉土を利用する場合もあります。

コンクリートにすき間をつくって、雨水が地面に浸透するようにした部分に生育する数種の草。

コンクリートのすき間に生育する草。すき間にわずかにたまった土に根をおろし、落ち葉を肥料として利用しています。

都市で休憩、補給する生物

渡りをする野鳥や昆虫は都市緑地に一時的に立ち寄って、休憩や採餌をします。しかし、繁殖することはほとんどありません、繁殖に必要な場所や繁殖期に適したえさなどの自然資源に乏しいからです。それでも、中継地としての都市緑地等は重要で、こうしたチャンスに里山や深山で繁殖する生物（動物）に出会えるかもしれません。また、都市の湾岸地域に干潟がある場合は、シギやチドリなどの野鳥も観察できます。

実際にオオルリやキビタキなどが観察された都市緑地（名古屋市内）。

オオルリ：東南アジアなどから渡ってくる夏鳥。日本の山地で繁殖しますが、初夏や秋には都市緑地にも立ち寄って採餌します。

キビタキ：オオルリと同様の生態です。

エゾビタキ：春に北上し、秋に南下する旅鳥で、特に秋には都市緑地でもよく見られます。

アサギマダラ：渡りをするチョウとして有名。写真は5月に大阪湾岸の砂地で吸水中の個体。南方から飛来し、これから繁殖地の山地に向かうと考えられます。

都市の湾岸地域の干潟で、えさをついばむ**ハマシギ**。都市にある干潟はシギやチドリといった野鳥の補給場所として大変重要です。

越冬昆虫・冬鳥

冬眠（越冬）する昆虫は冬は特にえさを必要としないため、街でも生息できます。活動期にはえさの豊富な里山などで生活し、街に移動して越冬する昆虫もいます。天敵を避ける戦略（効果）もあるのかもしれません。都市緑地や公園の池などでは冬鳥も観察できます。

オオキンカメムシ：アブラギリ類を食べ、秋に南方に移動すると言われています。秋に都市緑地の照葉樹で見かけ、越冬する個体もいます。

アケビコノハ：前翅が枯れ葉そっくりのガで、里地で発生。写真は公園のマテバシイの枝にたまった落ち葉で越冬する成虫。こうした落ち葉も体を隠蔽（いんぺい）してくれる自然資源です。

コミミズク：シベリアなどで繁殖するフクロウの１種。日本では冬鳥で、埋め立て地の草原などでネズミなどを捕食します。

ユリカモメ：冬鳥で、都市の河川、干潟、池などにも飛来します。

ツグミ：公園の芝生などで採餌する冬鳥。

シロハラ：これも公園などの地面で採餌する冬鳥。

日食、月食 ―最大の自然観察？―

太陽や月はなじみの深い天体で、夕日や三日月、満月などとして観察や鑑賞の対象とされてきました。特に、日食は参加者や規模の点から最大の自然観察と言えると思います。同時に、多くの人々が同じ自然（映像等ではなく、天体という自然の実物）を見ているという思いで観察すると、ちがった感動を体験できることでしょう。

日食は多くの人々が関心を持っている自然現象です。気象条件がよければ、かなりの人々が見ていると思います。観察の対象が太陽というスケールの大きさや観察者の人数からみても最大の自然観察でしょう。近年では2009年7月22日に部分日食と2012年5月21日に金環日食を日本で見ることができました。2009年7月22日の部分日食は近畿地方では食（太陽が欠けた部分）は82％で、夏の日中で、多くの生物の活動期であったため、日食に対する生物の反応を調査してみました。調査は奈良市郊外の近畿大学農学部構内（里山）で行いました。その結果の一部を紹介します。当日の天気は晴れ時々曇りでした。

2009年7月22日の部分日食

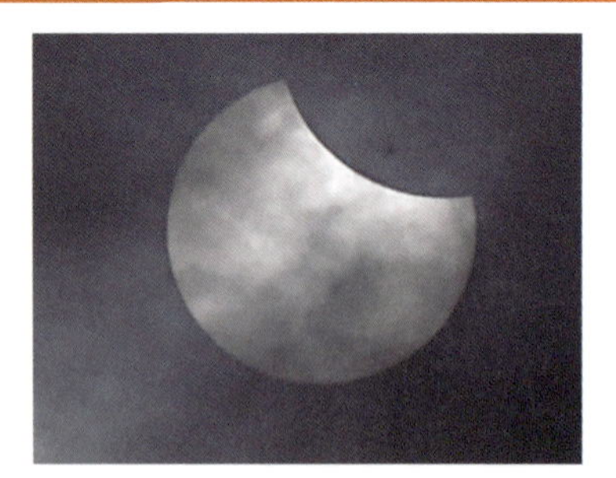

2009年7月22日10:15

2009年7月22日10:15

●ネムノキ

ネムノキはマメ科の落葉高木で、1枚の葉は多数の小葉からなっていて、夜にはこの小葉が合わさって閉じます。日食で昼でも薄暗くなると葉を閉じるのでしょうか？

ネムノキ：花と葉。
夜には葉を閉じます。

日食時（11：00）：
葉をかなり閉じています。

昼間の通常の葉の状態

●ヒグラシ

ヒグラシは夏に鳴くセミで、他のセミと違って、夜明けや夕方によく鳴きます。また、日中でも雷雨で薄暗くなると鳴くことがあります。日食ではかなり暗くなるので、その鳴き声を調査してみました。比較のために、日食の前日の21日と翌日の23日も同様の調査をしましたが、21日は雨天のためでデータは示していません。明らかに、22日の日食時に鳴いていることがわかりました。ヒグラシは日食（暗さ）に反応していると言えます。

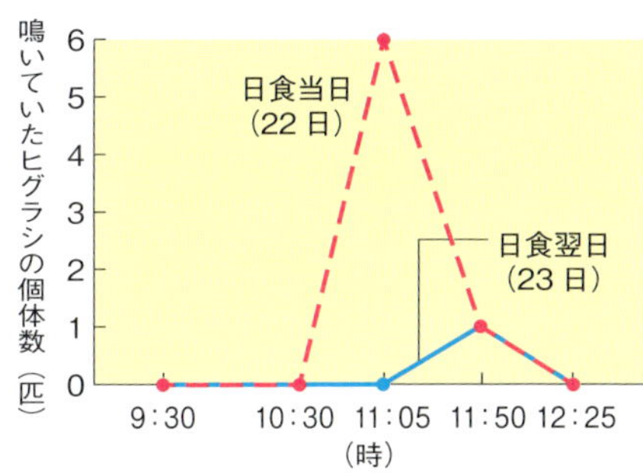

約400 mの長さの里山の道を歩いて、聞き取れたヒグラシの鳴き声によるヒグラシの個体数
2009年7月22日、23日（久光 他、2010）

●ニイニイゼミ

ニイニイゼミはヒグラシと異なり、昼間、盛んに鳴きます。日食がなく、晴天だった翌7月23日には、9時～13時の間にはかなりの個体が鳴いていましたが、日食のあった22日には特に日食時には鳴いている個体数はかなり減少しています。日食終了後はまたもとの個体数にほぼ回復しています。

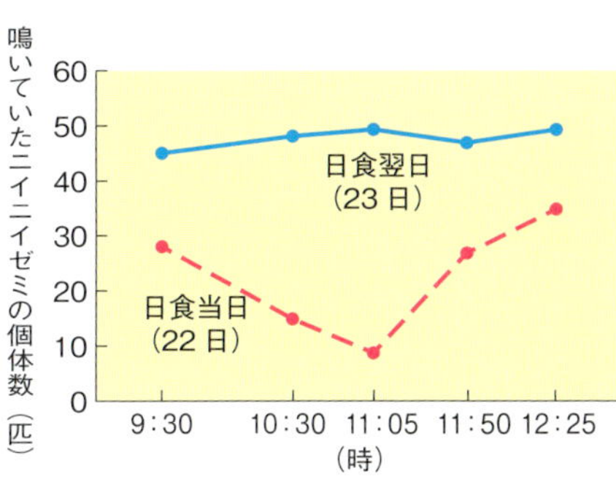

約400 mの長さの里山の道を歩いて、聞き取れたニイニイゼミの鳴き声によるニイニイゼミの個体数
2009年7月22日、23日（久光　他、2010）

2012年5月21日の金環日食

2012年5月21日は晴天に恵まれ、金環日食が観察できたのですが、日の出直後であったのと5月下旬で、ネムノキはまだ充分に葉が開いておらず、ヒグラシはまだ羽化する季節ではありません。他の生物も季節的にも時刻的にも活発に活動する種は少なかったため、データは示していません。ただ、素晴らしい金環日食は観察できました。

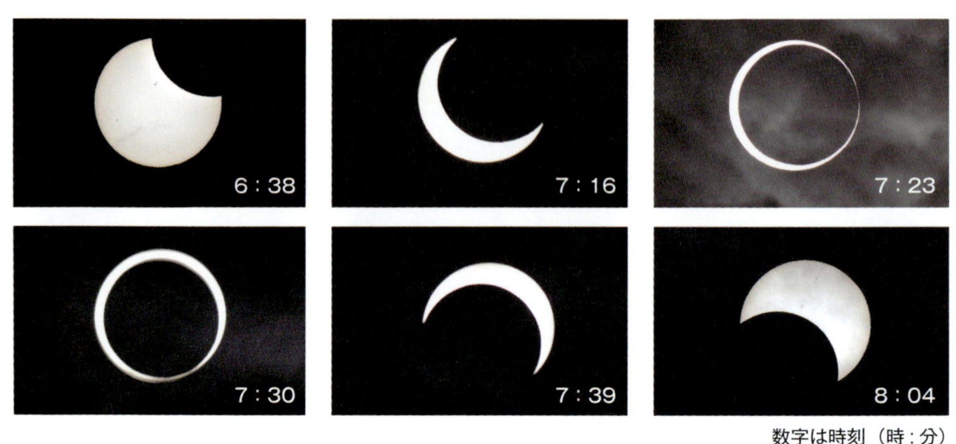

数字は時刻（時：分）

●日食の木漏れ日（2012年5月21日）

日食の時に木漏れ日を白い板などに映すと、欠けた太陽の影を肉眼で見ることができます。

白い大きな板に映った日食の木漏れ日（7：08）

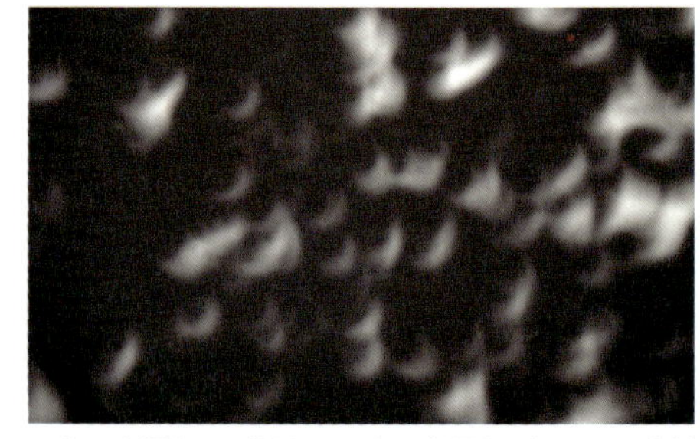

日食の木漏れ日（サクラの木の木漏れ日）。この時刻には三日月状に見えました。（7：57）

●日食に対する生物の反応の観察

日食はチャンスが少なく、それだけ期待される現象です。日食に対する生物の反応の観察、調査では次のような条件をクリアする必要があります。

① 晴天
② 多くの生物が活動する季節（春～秋）
③ 昼間の時間帯に日食（朝、夕には昼行性の生物の反応ははっきりしません）
④ いろいろな生物が生息する里山のような場所の確保
⑤ 植物、昆虫、野鳥など多様な生物の反応を同じ時間帯に観察できるメンバーの参加

2014年10月8日の皆既月食

月食は日食よりも出現頻度が高く、数年に1度は観察できます。もちろん夜に起こる現象で、太陽に比べて光はずっと弱く、月食に対する生物の反応はあまりはっきり出ないようです。そのため、そうした研究はかなり少ないようです。2014年10月8日の皆既月食は日本全国で多くの人々が観察、観測し、天体現象に感動したはずです。

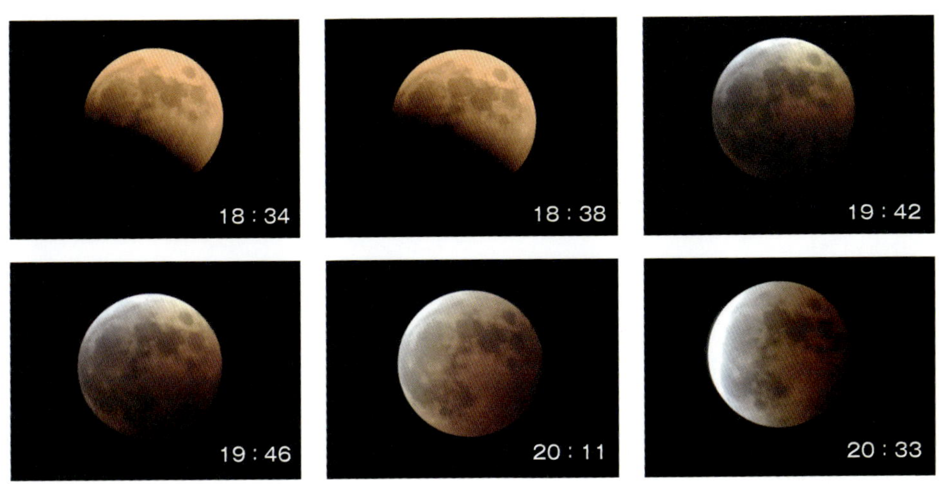

数字は時刻（時：分）

月の満ち欠けと月食のちがいは？

どちらも月が欠けて見える現象ですが、そのメカニズムは全く違います。メカニズムを理解していれば、次のどれが満ち欠けか月食かすぐわかると思います。

注意

太陽を絶対に肉眼で見てはいけません。日食の観察は必ず光学機器メーカーの日食観察グラス等 を使用してください。写真撮影も専用のフィルターをレンズの前に取り付ける必要があります。 詳細は『日食のすべて』（引用・参考文献のページに紹介）等を参照してください。

里山の資源（衣食住燃）
―クヌギの木の変身―

1種類の生物でも、人間や他の生物に利用されることによって、結果として互いに全く異なったものに「変身」する不思議さやおもしろさを観察し、自然の奥深さを知ることができます。いろいろな生きもので、こうした変身を見つけてください。

ヤママユというガの繭（まゆ）、シイタケ、炭。ヤママユの繭からはカイコ（蚕）の絹糸よりもかなり上等の絹糸がとれ、高級な織物に利用されています。シイタケはふだんよく利用されている食材です。炭は近年は野外でのバーベキューによく利用されていますが、昔は重要な燃料でした。

これら3つのもの（資源）は色や形、性質、用途が全く異なります。ところが、これら3つの資源は実は、どれも同じ1種類の生物からできたものです。しかもそれは、日本の里山に普通に生育し、里山を代表する植物なのです。

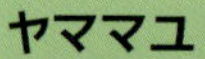

ヤママユの繭

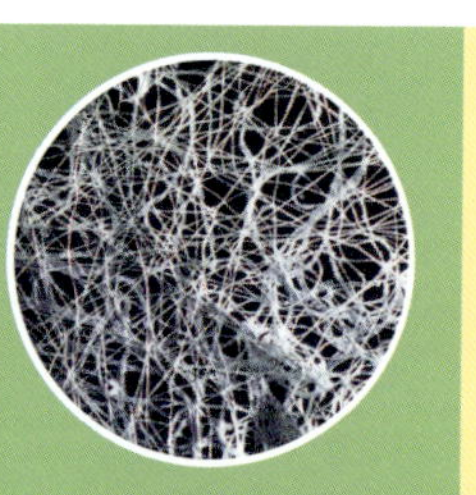

銀色に輝く
ヤママユの絹糸

シイタケ

炭

その共通の生物とはクヌギ（ブナ科）です。ドングリの木としても親しみのある木です。

その変身のプロセスはこうです
クヌギの葉
ヤママユの幼虫
クヌギなどの葉を食べて、絹糸のとれる繭をつくります。
ヤママユの繭
クヌギの幹、枝
クヌギの原木
原木に生えたシイタケ
原木（ほた木）にシイタケの菌を植えると発生します。野生でも発生します。
炭焼き窯
この窯に原木を入れて、蒸し焼きにして炭をつくります。
炭

ヤママユのさらなる変身

ヤママユはさらに繭（まゆ）（さなぎ）から成虫に変身（変態）し、産卵します。

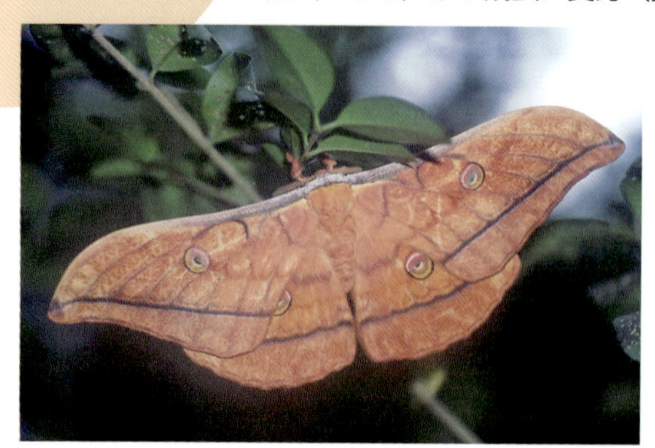

ヤママユの成虫（翅（はね）を広げると 15 cm くらい）。8 月～9 月に羽化

小枝に産まれた卵で越冬

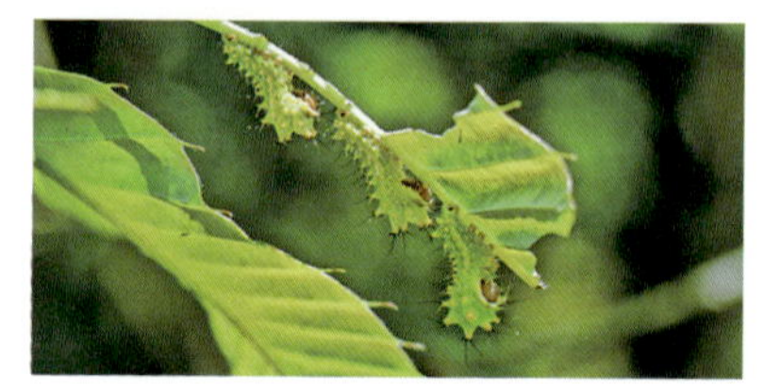

4 月に孵化し、クヌギの若葉を食べる若い幼虫

樹液酒場

クヌギからは樹液がよく出ます。この樹液はクヌギが分泌する糖分がアルコール発酵したもので、そういう意味では、クヌギは酒にも変身することができるわけです。この樹液はオオムラサキやカブトムシ、クワガタムシなどの成虫のえさ場となり、里山で重要な役割も果たしています。なお、樹液酒場にやってくる昆虫はほとんどが大人（成虫）です。未成年（幼虫）がやってくるのはごく一部の種です。

樹液に集まるカブトムシ、カナブン、ゴマダラチョウ

準絶滅危惧のオオムラサキもクヌギなどの樹液が大好物

樹液酒場はもちろん夜も営業。特に夜にはいろいろなガが来ます。写真はキシタバ（ヤガ科）

クヌギの木の四季

クヌギ自身も季節により変身します。

春：開花期

初夏：新緑

盛夏：深緑

冬：冬芽

冬：雪が降ったクヌギなどの里山林。

秋：果実（ドングリ）

秋：黄葉

クヌギを食べる昆虫

クヌギを食べ昆虫には、幼虫が葉を食べるチョウやガ、幼虫がクヌギの材部を食べるクワガタムシやカミキリムシ、枝や葉から吸汁するアブラムシなど非常に多くの種がいます。ここでは成虫を中心にその一部を紹介します。多くの種はクヌギ以外のコナラなども食べます。

アカシジミ

ウラナミアカシジミ

ミズイロオナガシジミ

ムラサキシジミ

ウスタビガ

クチバスズメ

オニベニシタバ：成虫はクヌギなどの樹液を吸います。

シロスジカミキリ：成虫もクヌギなどの小枝を食べます。

コミミズク（幼虫）：小枝から吸汁するカメムシ目の昆虫

クヌギの危機

最近、里山のクヌギやコナラなどのブナ科の樹木がナラ枯れと言われる現象で、枯れ始めています。これが進行すると、クヌギやコナラなどに依存する生物や人間生活にもかなりの影響が出てくると心配されています。

真夏なのに晩秋のように葉が枯れたクヌギ

ナラ枯れの原因の一つ、カシナガキクイムシという甲虫が入って、枯れたと思われるクヌギの幹。キクイムシの食害によって木くずが出ます。

クヌギのように変身できる木

これらの3つの資源（絹糸、シイタケ、炭）はクヌギだけではなく、同じブナ科のコナラやクリでも生産されます。また、暖地ではウバメガシやアラカシなどの常緑のブナ科植物でも生産が可能です。それぞれの地域に分布する樹種で観察してみてください。

●コナラ

南西諸島以外の日本各地の里山に生育する落葉高木です。「ドングリの背比べ」（26ページ）でも紹介しています。

コナラの葉

コナラの幹

コナラに発生したヤママユの幼虫

●クリ

野生のクリは北海道南部～九州の里山に分布し、広く栽培もされる落葉高木です。実（堅果）は食用にされ、材は耐久性が強く、器具などによく利用されています。

クリ材

クリの実（野生）

クリに発生したヤママユの幼虫

●ウバメガシ

関東以西～南西諸島に分布する常緑中高木で、主に沿岸地域に自生しています。また、生垣にも利用され、これにヤママユが発生することもあります。熊野地方の炭は備長炭として知られています。

花

用材として伐採された後、萌芽更新で生育、生長したと考えられる幹。

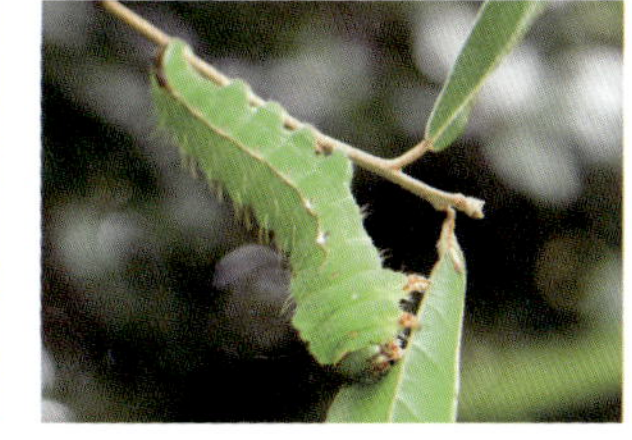
ウバメガシに発生したヤママユの幼虫

里山の多様な働き

皆さんの生活において里山が果している役割や機能を考えてみましょう。できれば、里山を訪れて、生活に役立つ資源などを観察してみましょう。里山、自然を文学や芸術のモチーフにする場合も鋭い観察力が不可欠です。こうした芸術作品を鑑賞する際も、どのように自然観察が行われて創作されたかを想像するのも興味深いと思います。

里山って？

以前は里山は人家の近くにあり、衣食住燃料の調達場所として、大いに活用されてきました。その後、石炭、石油などの化石燃料の普及により燃料としての薪(まき)や炭の利用が減少し、里山林は手入れがされなくなり、つる植物やササ類などが優占する植生に変化し、林床に生育していた植物は絶滅の危機に瀕してしまいました。近年こうした現状を改善し、以前の里山の植生を修復し、さらに生物多様性に注目した取り組みが各地で盛んになってきました。ここでは、一部ですが、いろいろな里山の機能について観察してみたいと思います。

二酸化炭素の吸収と酸素の供給

里山に自生、生育している樹木や草本植物により、二酸化炭素が吸収され、酸素が供給されます。その機能はばく大なものです。

数年以上かけて二酸化炭素を吸収して肥大したクズの根（直径約 20 cm）。この根からデンプンを採取して、右の写真のくず菓子を作りました。

野生のクズの根から採った葛粉で作ったお菓子

食糧（山菜、キノコ、ジビエ）

以前は、里山の山菜や鳥獣等は重要な食糧として利用されていました。また、飢饉の際の食糧（救荒植物）としても利用されていました。現在では山菜やジビエの利用が見直されているようです。山菜の野菜としての栽培化やジビエの家畜化としての研究もされています。単に食糧としての利用だけではなく、野菜や果物としての新たな利用に向けて、有用な遺伝資源の発見、利用の面でも里山はこうした資源の宝庫です。

代表的な山菜 ワラビ

クズ

トチノキの実とその皮をむく道具（とちへし）。トチの実は昔、救荒植物として利用。現在ではお菓子などに利用。

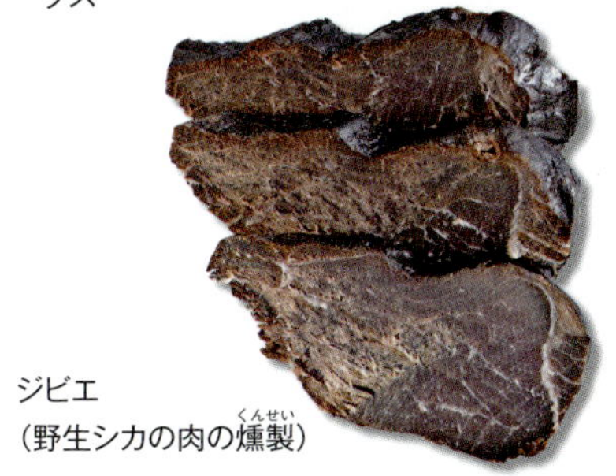

ジビエ
（野生シカの肉の燻製）

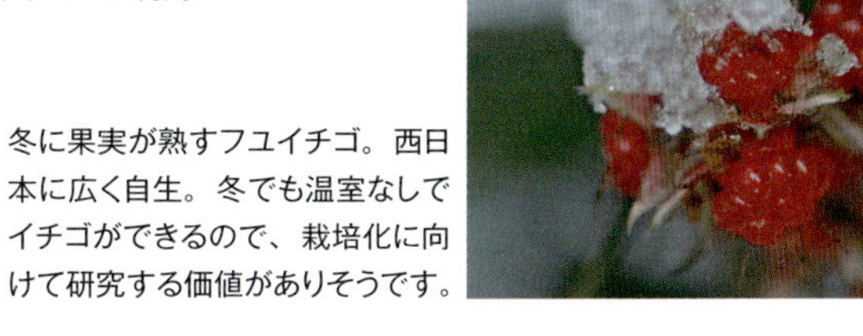

冬に果実が熟すフユイチゴ。西日本に広く自生。冬でも温室なしでイチゴができるので、栽培化に向けて研究する価値がありそうです。

燃料、灯火

昔の里山の重要な役割は薪(まき)や炭などの燃料の調達でした。もちろんこれらは現在でも活用されています。これらを燃やして、熱や光を得ています。

薪。両端は交互に積んで崩れないようにします（1977 年 京都府で）。

細い枝（柴）も、無駄なく利用。特に、炭焼きで窯（かま）を焚（た）く時に使用。

炭。煙がほとんど出なく、暖房や調理に使用。長期保存が可能。

松脂（まつやに）。主に、燃やして光を得ていました。また、膏薬（こうやく）などの原料としても利用。

加熱溶解した松脂

精製加工された松脂はヴァイオリンなど弦楽器の弓に塗り、弦と弓との摩擦を好適に保つのに使われます。

建築材料、玩具（がんぐ）

燃料や灯火は植物の燃焼という化学反応の利用ですが、植物（特に樹木）の幹の部分や樹皮の部分を切ったり、削ったりして建築や玩具などの材料としても利用されています。里山の重要な資源です。

スギの植林地。里山は雑木林だけではなく、植林も行われます。

屋根を葺（ふ）くのに使われるヒノキやスギなどの樹皮。

木製玩具（テントウムシ）。

肥料（堆肥）など

現在では化学肥料が多く用いられていますが、植物の落ち葉などを腐らせて天然の肥料（有機肥料）として利用します。稲わらには多様な用途があります。

里山林の落ち葉。

堆肥。落ち葉を集めて積み上げ、腐らせて天然の肥料として利用。

稲わらは堆肥や敷きわら、縄、むしろなどの加工品として、多様な用途を持っていますが、稲刈りの機械化であまり供給されなくなりました。

沢（天然水）

里山の沢水は、生活に密着し、飲料水、灌漑（かんがい）用水、洗いもの、動力（水車）など、多様な働きをします。2011年の東日本大震災でも、水道が止まったときに身近な沢水が利用され、水のありがたさと里山の機能が改めて見直されたようです。

たとえわずかな流れでも、特に災害時には人間の生活を助けてくれます。

気候緩和作用

里山林は夏涼しく、冬暖かく、風を弱めるなど気候を緩和してくれる作用があります。

里山林内で夏の強い日差しを避けて越夏中のテングチョウ成虫

冬の季節風をさけて林内で集団越冬中のリュウキュウアサギマダラ成虫

芸術のモチーフ

里山やそこに生息する生きものをモチーフにした絵画や音楽等は古今東西を通じて、膨大な数にのぼります。ここではヨーロッパの里山をモチーフにしたベートーヴェン（1770～1827）の交響曲第6番「田園」が作曲されたウィーン郊外の田園風景を紹介します。ベートーヴェンは自然を愛しながら、鋭く観察し、それを論文でなく音符で表現したと言えます。観察力や表現力は科学者よりも鋭かったかもしれません。

ウィーンにあるベートーヴェン像。

ウィーン郊外の田園風景

ベートーヴェンがよく散歩したと言われるウィーン郊外の「小川のほとり」。現在はかなり木が茂っていて当時の面影はあまりありません。

時間、空間から見た里山の機能

里山では生活圏や行動半径は普通、数km以下で、利用資源のサイクルも数十年以下です。これに対して、石油、石炭等の化石燃料は数億年の単位で生成され、日本では主に数千km離れた国々から輸入しています。輸入農産物も数百kmから数千kmの距離からのものが多いと思われます。2011年3月11日の東日本大震災では、結局、身近な里山の資源がかなり役立ちました。皆さんが毎日生活で利用する衣食住エネルギー資源がどこで生産されたかを、分かる範囲で1週間記録*し、ライフスタイルを検討してみましょう。そして、時間空間的スケールで里山の機能を考えてみましょう。

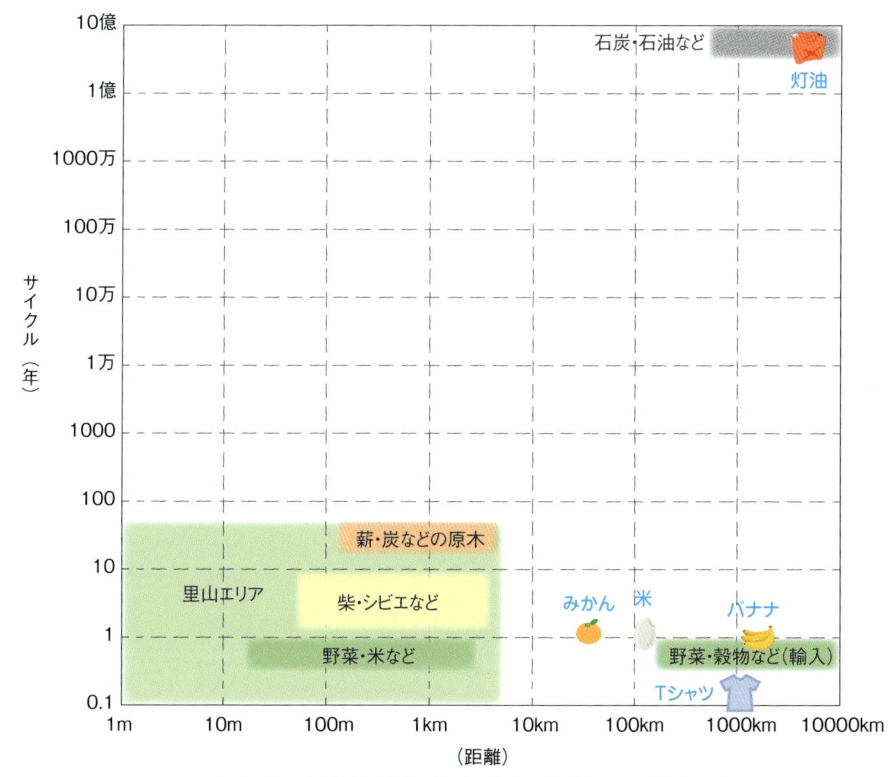

里山における燃料、食糧資源の時間空間的スケール（対数目盛）
（図中に下記の例をイラストで記入）

＊：記録の例（　　　）内は名古屋市内からのおおよその直線距離
バナナ：フィリピン（3000 km）、米：新潟県（300 km）、灯油（原油）：中東諸国（7000 km）、Tシャツ（綿花）：中国（2000 km）、みかん：愛知県南知多町（50 km）

1種類の生物が支える生物多様性
―たとえば、もしエノキが絶滅したら―

1種類の生物でどれだけの生命が育まれているかを観察することにより、生物どうしの関係や生物の絶滅の重大性を知ることがポイントです。エノキでなくても、たとえば路傍の野草や公園の木でどんな昆虫が生活しているかを観察してみましょう。

落葉高木のエノキは、同じ仲間（ニレ科*Celtis*属）のエゾエノキやクワノハエノキ（リュウキュウエノキ）も含めるとほぼ全国に自生しています。エノキは公園などにも植栽されており、珍しい木ではありません。このエノキに依存している生物にはどんな種類があるでしょう。

エノキ：枝と赤い果実

エノキの葉：光沢があり、側脈は3~4本、葉の先半分に鋸歯（きょし）があります。

小枝には毛が密生

樹形：細かい枝がたくさん出ます。

エゾエノキ：エゾという和名がついていますが、九州から北海道まで分布し、主に山地に自生しています。鋸歯は葉の縁の半分以上にあり、葉の幅は基部寄りで最大になり、果実はエノキの赤色に対し本種は黒色です。

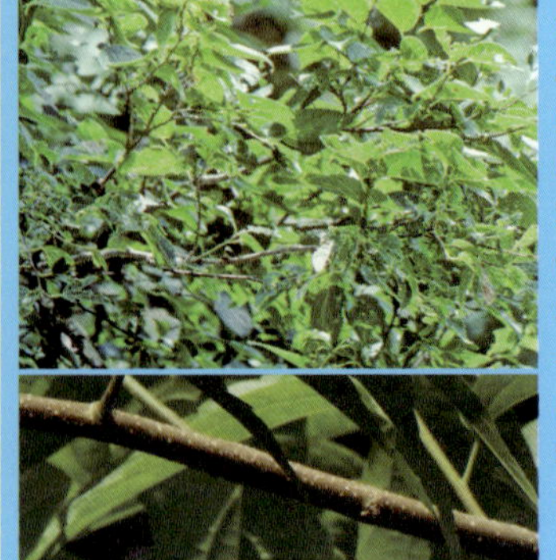

クワノハエノキ（リュウキュウエノキ）：山口県から南西諸島に自生し、葉はエノキに似ていますが、枝の毛はエノキは密生していますが、本種は目立ちません。

エノキの葉を食べるチョウ

日本にはエノキ類の葉を食べるチョウが８種ほど分布しています。そのうちゴマダラチョウ、オオムラサキ、アカボシゴマダラ、テングチョウの４種はエノキ類の葉しか食べません。

●ゴマダラチョウ（タテハチョウ科）

このチョウはエノキ類の葉しか食べません。ただ、生息できる環境の幅がオオムラサキよりも広く、都市公園などでもエノキがあれば生息していることもあります。

幼虫：エノキを摂食。

成虫：エノキの小枝に産卵。

エノキの根元のエノキなどの落ち葉で幼虫で越冬（越冬幼虫は枯れ葉色に変化）。

●オオムラサキ（タテハチョウ科）

「1 匹の生きもののインパクト」（68～73 ページ）にも登場するオオムラサキです。幼虫はエノキ類の葉しか食べません。したがって、エノキという植物がなくなると絶滅してしまいます。成虫はクヌギ、コナラなどの樹木の樹液を吸うので、エノキ以外にもこうした植物が必要です。

幼虫：エノキを摂食。

成虫：エノキの小枝に産卵

エゾエノキの根元の落ち葉で越冬する幼虫（背中の突起は本種は４対で、ゴマダラチョウは３対）。

●アカボシゴマダラ（タテハチョウ科）

奄美大島などに生息し、幼虫はクワノハエノキの葉を食べます。近年は関東地方でも発生し、エノキを食べています。関東地方でみられるものは外国から人為的に持ちこまれたと考えられています。

幼虫：クワノハエノキを摂食。

成虫

クワノハエノキの幹や枝で、幼虫で越冬。

●テングチョウ（タテハチョウ科）

日本各地に分布し、幼虫はエノキ類の葉を食べます。成虫は花の蜜や樹液を吸いますが、地面で吸水もします。成虫で越夏、越冬します。

幼虫（緑色型）

幼虫（褐色型）

成虫：エノキに産卵に飛来

ウバメガシ林内の枯れ枝で越夏する成虫（2 匹）。

樹上の枝にたまった枯れ葉で越冬する成虫。

●ヒオドシチョウ（タテハチョウ科）

南西諸島以外の日本各地に分布し、幼虫はエノキの葉を好みますが、ニレ類やヤナギ類の葉も食べます。成虫は樹液や花の蜜を吸います。標高 1000～1500 m くらいの山地の大木のうろや倒木の下面などで成虫で越夏します。越冬も成虫ですが、その場所はまだよく分かっていません。

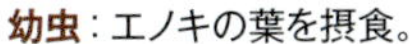
幼虫：エノキの葉を摂食。

成虫：クヌギの樹液を吸う。

成虫：山地の木のうろで越夏。

この他、タテハチョウ科のシータテハ、フタオチョウ、リュウキュウミスジなどのチョウもエノキ類の葉を食べますが、むしろそれ以外の植物を好む傾向にあるようです。これらのチョウは、仮にエノキ類が絶滅しても、生存は可能と思われます。

●その他の昆虫

エノキ類の葉を食べる昆虫にはこの他にもウスタビガなどのガ類やハムシなどの甲虫類、タマバエ、アブラムシなどたくさんの種がいます。このうち何種類かはエノキだけに依存し、エノキ類が絶滅するとそれらの種も絶滅する運命にあります。オオムラサキは環境省の準絶滅危惧に選定されており、いくつかの自治体ではレッドリスト種に選定されています。

虫こぶ:エノキハトガリタマフシ（エノキトガリタマバエ）

ウスタビガ：幼虫はエノキ等の葉を食べて育ち、エノキの小枝に繭(まゆ)をつくる

エノキの幹を食べる昆虫

●タマムシ（タマムシ科）

幼虫は枯れたエノキの幹の中を食べて成長します。エノキ以外のカキやサクラ類も食べます。成虫はエノキやサクラ等の葉を食べます。

枯れたエノキの材を食べる幼虫

エノキの枯木に産卵する成虫

成虫はよくエノキの樹上で見られます

エノキのちからで生存率を高める

エノキの幹は灰色で、ざらざらしており、カモフラージュに利用する昆虫や幹のくぼみで越冬するテントウムシのような昆虫もいます。エノキのちからを借りて、生存率を高めているようです。

キノカワガ：名前のとおり翅（はね）の色が樹皮そっくりのガ。成虫で越冬。エノキ以外の樹木でも越冬。

ナミテントウ、カメノコテントウ：エノキの幹のくぼみで集団越冬。エノキ以外の樹木や岩の割れ目などでも越冬。

エノキの最後は

そして、エノキが枯れてくると、エノキタケなどのキノコが発生して、エノキは朽ちていきます。最後までいろいろな生命を育んでくれます。

エノキタケ：一見、ナメコのようですが、これが野生のエノキタケです。エノキ以外の枯れた各種広葉樹にも主に冬に発生します。

エノキの未来は？

下のグラフはある林でエノキの幹の地表から120 cmの高さの直径（胸高直径）を測ったものです。細い（若い）木が多いので、将来もこの林のエノキは安心で、たくさんの生命を育んでくれるでしょう。

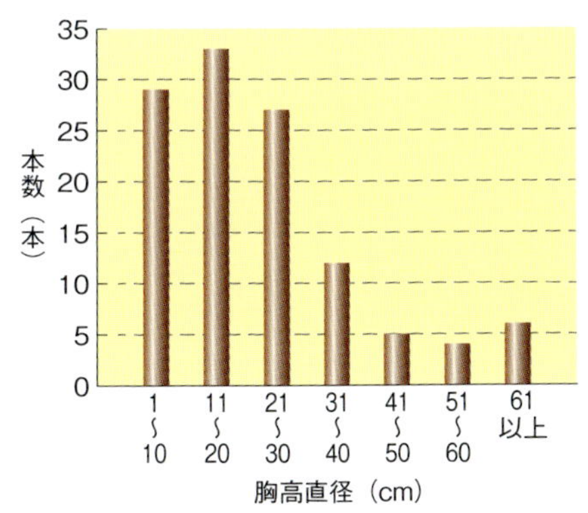

（奈良市矢田丘陵の近畿大学農学部里山林で116本測定）

エノキの芽生え

成木になって春に花を咲かせたエノキ

「生活多様性」を提供する生物
―ススキの多様な活躍―

ススキは身近に見られる普通の植物ですが、どんな生きものがえさや住みかとして利用しているか改めて観察してみましょう。人間も昆虫もススキの断熱効果を利用していることやレッドリスト種も多いことも興味深いと思います。

人間生活とススキ

ススキはイネ科の多年草で、秋の七草の一つとして親しまれ、野の玩具の材料としても使われてきました。また、茅葺（かやぶ）き屋根の材料としても重要な資源でした。現在では、ススキの利用は減少していますが、多くの生物がえさや住みかとして利用しています。人間や野生生物にとって「生活多様性」を提供する生物とも言えます。

ススキはお月見の行事には欠かせない野草です。

ススキ

ススキの穂で作った野の玩具「ススキミミズク」

茅葺きでつくった家はススキの断熱効果で、冬暖かく、夏涼しいという、省エネ住宅です。

茅（ち）の輪くぐりという神事が各地の神社で行われ、この輪をくぐると、健康で生活できるといわれています。特に、暑い夏を無事に過ごすことを祈る行事としても行われています。なお、茅の輪はススキ以外にヨシなどでも作られます。

ススキの茅葺き屋根

たくさんのススキの茎が使われています

ススキで作られた茅の輪

ススキの茎や穂を編んで作られます

ススキに住む動物たち

●カヤネズミ

カヤネズミは日本で一番小さいネズミで、大人の親指ほどの大きさです。スススキの葉を巧みに編んで巣をつくり、そこで生活したり、子育てを行います。最近、こうしたスススキ草原の減少や荒廃で、カヤネズミは減少し、レッドリストに選定している都府県が多くなっています。

カヤネズミ

ススキでつくられた**カヤネズミ**の巣

●ホオジロ

ホオジロなどの野鳥もススキに巣をつくり繁殖することがあります。

ススキ株に造られた**ホオジロ**の巣と卵

ホオジロ

●クモ類

クモ類は巣（網）を張る種、巣をつくらない種など、いろいろな種がいます。葉を巻いて巣（住居）をつくる種も少なくありません。カバキコマチグモがその代表で、他にハマキフクログモなどもススキの葉に巣をつくります。

ススキの葉につくられた**カバキコマチグモ**の巣

巣の中の**カバキコマチグモ**

これらの動物たちは、ススキ以外にもオギやヨシなどのイネ科植物やその他の葉が細長い植物も利用しますが、ススキが重要なすみかの一つになっています。普通にたくさん生えているススキで観察できるチャンスが高いと思います。

ススキで越冬、越夏する昆虫

ナナホシテントウ（越夏）

ナナホシテントウ（越冬）

ツチイナゴ（越冬）

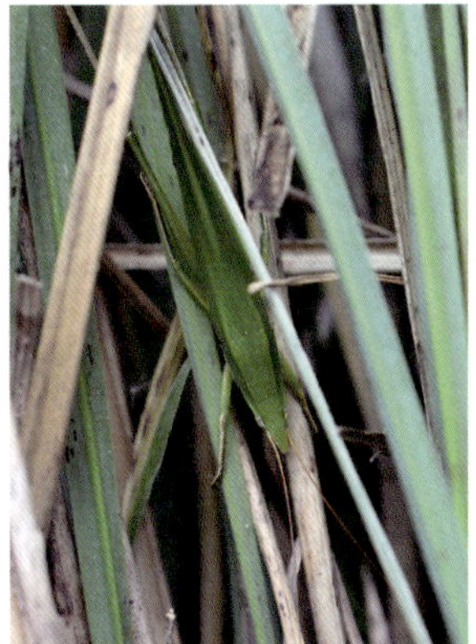

クビキリギス（越冬）

茅の輪くぐりは主に夏越（なご）しの行事として行われますが、昆虫たちも茅の輪くぐりをするのです。もちろん昆虫は輪はつくりませんが、ススキなどの株の中で越夏するのです。実際にススキの株の中の温度を測ってみたら、真夏の日中で外気温よりも 4～5℃低くなっていた例もありました。また、冬にもバッタなどがススキの株で越冬しています。どちらもススキの断熱効果を利用することで、生存率を高めていることは、人間の茅の輪くぐりや茅葺（かやぶ）き屋根と考え合わせると興味深いことです。

ススキの根に寄生

ナンバンギセルはキノコなどではなく種子をつくる種子植物ですが、葉緑素をもたずススキなどの根に寄生してそこから栄養をとる変わった植物です。

ナンバンギセル
花期は７月～９月頃です。里山の日当りのよい道ばたのススキで見られるチャンスが高いようです。

ススキの葉を食べる昆虫

日本には約260種のチョウが生息しており、ススキの葉を食べるチョウは10数種います。その多くはススキ以外のイネ科植物も食べますが、ススキはこれらのチョウ類には重要な植物です。これ以外にも、ガやアブラムシなど多くの動物がススキを食べます。ここでは幼虫がススキの葉を食べるチョウの成虫を紹介します。赤字の和名はレッドリスト種です。

ホソバセセリ

キマダラセセリ

ギンイチモンジセセリ

オオチャバネセセリ

チャバネセセリ

イチモンジセセリ

ジャノメチョウ

クロコノマチョウ

コジャノメ

ヒメウラナミジャノメ

ウラナミジャノメ

ヒメジャノメ

キマダラモドキ

注意

ススキは葉の縁が鋭いので、顔や手を切らないよう注意してください。また、ハチの巣があったり、ヘビがひそんでいることがありますので、ススキの株を調べる時には、遠くからゆっくり慎重に近づいて、これらの動物がいないことを確認してください。ススキの葉に巣をつくるカバキコマチグモは毒グモなので、咬まれないように注意してください。

レッドリスト種の観察

レッドリスト種は一般に個体数が少なく、観察のチャンスが低いかもしれませんが、その生息環境や生息の条件をよく観察しましょう。また、レッドリスト種にだけ注目するのではなく、生物多様性の面から普通種との関係の観察もポイントになります。

近年、絶滅危惧種（ここではレッドリスト種と呼ぶことにします）に対する関心が高まっています。自然観察会でも絶滅危惧種が観察できると大喜びですが、絶滅が心配されている種だけに観察できるチャンスは多くありません。ここではレッドリスト種の特徴とそのいくつかの例を紹介し、レッドリスト種を実際に観察できる可能性を高め、さらに関心も高め、それらの保全につなげたいと思います。

レッドリスト種は環境省や各都道府県、自治体で、一定の基準に従って決めたものです。一般に個体数が少ない、個体数が減少傾向にある、分布が限られている、今後動向を注目する必要があるなどの面から決められます。この他、郷土を代表する（郷土の地名がその生物の和名や学名についているなど）郷土種が選定されている場合もあります。ここで示した各生物種の[　　　]内は環境省のレッドリストのランクです。

個体数が少ない種

一般に広く分布していますが、全体的に個体数が少ない種。ただ、以前は個体数が多く、減少の結果少なくなった場合も考えられます。特に、生態系の頂点（食物連鎖の頂点）に立つ猛禽（もうきん）類はもともと個体数が少なく、レッドリスト種に選定されている種が多くなっています。

●オオタカ［準絶滅危惧］

よく話題に上る猛禽ですが、全国的に分布しています。主に里山に生息していますが、市街地の公園などでも見られることもあります。近年は増加傾向にあると言われており、絶滅の程度のランクが下がって（絶滅の心配がより弱くなって）います。

●サシバ［絶滅危惧Ⅱ類］

日本には夏鳥として南西諸島や東南アジアから渡ってきて、主に里山で繁殖します。初夏から初秋の日本の里山では生態系の頂点に立ちます。各里山で見るチャンスはそれほど多くはありませんが、繁殖を終えて秋に南方へ渡って行く時には、大群をつくることがあります。近年は減少傾向にあるとも言われており、それは越冬地の森林伐採が影響している可能性があるかもしれません。だとすれば、海外の環境の変化が日本の里山の生態系にも影響を与えていることになり、今後、注目していく必要があります。

個体数が減少傾向にある種

生息環境の変化などにより個体数が減少傾向にある種です。特に里山では管理がされなくなり、つる植物やササ類の繁茂などによって、生息環境が悪化して個体数を減らした動植物がレッドリスト種に選定されています。その多くは以前は水田や里山で普通に見られた種でした。

●トノサマガエル［準絶滅危惧］

本州（一部地域を除く）、四国、九州に広く分布し、かつては水田や池で普通に見られたカエルです。しかし、水田環境の変化や稲作形態の変化などで近年は個体数が減少し、新たにレッドリスト種に選定されました。それでも、まだ近くの水田で観察できるチャンスは高いと思います。

●コシロシタバ［準絶滅危惧］

あまりなじみのない種かもしれませんが、里山林（雑木林）に比較的普通に生息していたガです。幼虫はクヌギなどの葉を食べ、成虫は樹液を吸います。里山林の管理がされなくなったり、ナラ枯れの影響などで、近年減少傾向にあり、新たに準絶滅危惧に選定されました。

分布が限られている種

オオタカやサシバは日本の多くの地域で見られるチャンスはあるのですが、特定の県や地域、島等でしか見られない種もレッドリスト種に選定されている場合があります。分布する地域では必ずしも個体数は少なくないのですが、その地域の環境が変化した場合などには種としての絶滅が心配されるわけです。

●アマミイシカワガエル［絶滅危惧ⅠB類］

奄美大島に分布が限られていますが、島内では比較的広く分布しています。日本では最も美しいカエルの1種で、林内や渓流で見られるチャンスがあります。鹿児島県の天然記念物に指定されています。

●サキシマキノボリトカゲ［準絶滅危惧］

八重山諸島と宮古諸島に分布し、木に登っている個体をよく見かけます。

生息場所が限られている種

一般に各地域（県など）に広く分布しますが、その中でも生息場所（生息環境）がかなり限定されている種です。たとえば、湧水地や特定の植物が生育する場所、岩場などのようなごく小面積の場所です。

●マダラナニワトンボ［絶滅危惧ⅠB類］

本種の生息条件：
①池沼
②周囲がアカマツなどの林
③水際が泥土
④水深は比較的浅い

少なくともこの4条件を満たす必要があり、2つの条件を満たす生息場所は多いですが、3つの条件となるとかなり絞られ、4つの条件を満たす生息場所はケタちがいに少なくなります。

●ツメレンゲ［準絶滅危惧］

川のコンクリート堤防に群生したツメレンゲ。
外来のサボテンが侵入。

●クロツバメシジミ［準絶滅危惧］

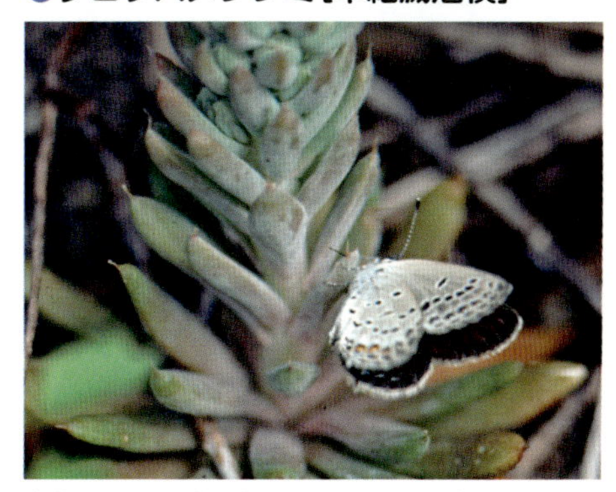

食草のツメレンゲに止まるクロツバメシジミ

ツメレンゲは関東以西の本州、四国、九州に分布しますが、海岸の岩場や河川の護岸、茅葺(かやぶ)きの屋根など、かなり特殊な場所に生える多肉質の植物です。幼虫がこれをえさとするクロツバメシジミというチョウもレッドリスト種に選定されています。

郷土種

その地域を代表するような種やその地域の地名が和名や学名に使われている種が選定されるのが一般的です。住民に親しみをもってもらうのも一つのねらいです。そういう意味では県の鳥や花、木、市町村の花や木などと似通ったところがありますが、これらには栽培種や植栽植物も含まれるのに対し、郷土種は一般に野生生物が選定されています。必ずしも希少な種とは限りません。また、環境省では選定していません。

●奈良のシカ（ニホンジカ）［奈良県の郷土種］

奈良公園に生息し、広く県民だけでなく外国人観光客にも親しまれています。人馴れしていますが、野生のニホンジカです。

●イカル［奈良県の郷土種］

奈良県にある斑鳩(いかるが)にちなんだ和名で選定されました。羽の色がくっきりしていて、鳴き声もきれいな野鳥です。

レッドリスト種の決め方の例

その種の個体数が少ないか、減少傾向にあるか、分布状況はどうかは、個体数を数えたり、現地調査を行ったりする必要があるのですが、野生生物の個体数を知ることは、現在の科学技術でもとても難しいのです。野鳥の場合は一定ルートを歩いて、一定範囲で確認（姿、鳴き声）された数を記録していきます。次の表は奈良県の矢田丘陵で月3回程度、15年間カウントした野鳥の累積個体数とレッドリストの選定状況を示したものです。1地域のデータに過ぎませんが、個体数の少ない種がレッドリスト種に選定される傾向があるようです。逆に、個体数の多いヒヨドリやスズメはレッドリスト種に選定されていません。

和名	累積個体数	A	B	C
イソシギ	+		●	◎
オシドリ	+	×	◎	○
オナガガモ	+			
クサシギ	+		◎	◎
ケリ	+	×		
コマドリ	+		◎	◎
ジュウイチ	+		●	●
ノゴマ	+		◎	
フクロウ	+		◎	◎
ミヤマホオジロ	+		◎	◎
アリスイ	+		◎	◎
ヤマシギ	+		◎	◎
クロツグミ	+		◎	◎
アオバト	1			◎
オオヨシキリ	1		◎	
ゴイサギ	1			○
セッカ	1			◎
ソウシチョウ	1	★		
バン	1			
ムギマキ	1			
メボソムシクイ	1		◎	◎
ヤマドリ	1			
カイツブリ	2			
カッコウ	2		◎	◎
コルリ	2		◎	◎
トラツグミ	2		●	◎
カワウ	3			
コサギ	3			
サメビタキ	3			×
トビ	3			
アカハラ	4			◎
センダイムシクイ	4		◎	◎
サンコウチョウ	5		◎	◎
ダイサギ	5			
ハチクマ	5	◎	●	●
エゾムシクイ	6		◎	●
ツツドリ	7		◎	◎
ハヤブサ	7	●	◎	◎
ヒメアマツバメ	7			◎
サンショウクイ	8	●	◎	●
コサメビタキ	9			◎
チョウゲンボウ	9		◎	◎
ツミ	9		◎	◎
ノビタキ	9		◎	
ニュウナイスズメ	10			
ハイタカ	16	◎	○	◎
キビタキ	19		◎	◎
ヨシガモ	19		◎	◎
アカゲラ	20		◎	◎
ドバト	20			
コチドリ	21		◎	
サシバ	24	●	●	●

●表の凡例

記号	A：環境省	B：近畿地区	C：奈良県
●	絶滅危惧Ⅱ類	絶滅危惧種	絶滅危惧種
◎	準絶滅危惧	準絶滅危惧種	希少種
○		要注目種	注目種
×	情報不足		情報不足種
＊			郷土種
★	特定外来生物		

●表（片山 他、2012）のレッドリストの選定状況は引用・参考文献のページの文献によっています。
●累積個体数の欄の+は、この調査では記録されなかったが、以前当地で1～数羽の記録があった種。

和名	累積個体数	A	B	C
マガモ	24		◎	
アマツバメ	25			
オオルリ	27		◎	
コガモ	27			
カケス	37			
カシラダカ	38			
エゾビタキ	42		◎	
オオタカ	44	◎	◎	◎
アトリ	50			
ハクセキレイ	50			
ヤブサメ	50			
キセキレイ	54			
ノスリ	57		◎	◎
ヒガラ	71			
ホトトギス	74		◎	
カワセミ	77		◎	
ルリビタキ	79		◎	◎
アオサギ	88			
ウソ	88			
オオマシコ	88			
ヒバリ	96			
アオゲラ	100		◎	
シメ	101			
カルガモ	125			
キジ	170			
シロハラ	179			

和名	累積個体数	A	B	C
コシアカツバメ	182			
ベニマシコ	214			
ヤマガラ	221			
ビンズイ	262		○	◎
ムクドリ	273			
ジョウビタキ	297			
アオジ	300		◎	●
セグロセキレイ	324			
カワラヒワ	327			
イカル	368			＊
コジュケイ	491			
モズ	539			
ハシボソガラス	542			
マヒワ	618			
コゲラ	630			
シジュウカラ	688			
キジバト	749			
ツバメ	798			
エナガ	1012			
ウグイス	1027			
メジロ	1428			
ツグミ	1436			
ハシブトガラス	1546			
ホオジロ	1771			
スズメ	2772			
ヒヨドリ	6249			

外来種の影響の観察

今、外来種が大きな問題になっています。身のまわりの外来種を観察し、在来種や人間にどのような影響を与えているか調べてみましょう。1種類の外来種でも複数の影響を与えている例が多いことでしょう。在来種では見られなかった新たな影響を与えている種類もあるかもしれません。

外来種とは本来の分布地域を越えて、他地域に侵入した生物を言います。外来種が入ってくると在来種や生態系にいろいろな影響を与えます。ここでは、いくつかの例を紹介します。外来種の和名は赤字で、在来種の和名は青字で示します。

在来種を捕食する

外来の捕食者が侵入してくるとえさの在来種の個体数等に影響を与えることが知られています。特に在来のレッドリスト種や天然記念物に深刻な影響を与えている例も少なくありません。たとえばため池などの水域に外来種のウシガエルやミシシッピアカミミガメが侵入すると、在来種のトンボの幼虫や在来魚などが捕食される可能性があります。

マルカメムシを捕食するヨコヅナサシガメ

ウシガエル：在来の水生昆虫や小魚、オタマジャクシなどを捕食。

ミシシッピアカミミガメ：ウシガエルとほぼ同様の食性。

生育、生息場所をうばう（空間をめぐる競争）

同じ生息環境を好む外来種が侵入した場合、場所をめぐる競争が起こる場合があります。

路傍の草地です。ヒメオドリコソウ、オオイヌノフグリ、シロツメクサなどの外来種が目立ち、在来種を見つけるのは困難です。

在来種のキイロテントウは葉の重なったすきま等で成虫で越冬しますが、こうした場所は多くないので、そこに集中するようです。しかし、外来種のフタモンテントウもこうした微細な越冬環境を好みます。

えさをめぐる競争

分布地域が同じで、同様な生活場所で、同じようなえさを食べる場合、えさをめぐる競争が起こる可能性があります。たとえば外来種のドバト（カワラバト）は在来種のムクドリやスズメ、ツグミなどと同様に、主に草地で植物の果実や昆虫類を食べています。

←ドバトとムクドリ。どちらもほぼ年中都市公園などで見られ、地上で採餌していますが、お互いに他種を追い払うことは少ないようです。

↑ドバトとツグミ。ツグミは冬鳥で、両者の関係は冬季にだけ起こります。

←ドバトとスズメ。この状況もムクドリと同様で、共存しているようですが、えさをめぐる競争はあると思います。

在来種の衰退（在来種への訪花頻度や果実摂食頻度の低下）

外来植物が侵入し、その花の蜜や花粉、果実が提供されると、それを利用する在来種にとっては好ましいことかもしれません。しかし、同様な場所に生育し、同様な時期に開花したり結実する在来植物の繁殖にとってはどうでしょう？

もし昆虫が外来植物の花を好み、在来植物への訪花頻度（ひんど）が低下したら、在来植物の授粉、結実率も低下する心配があります。

↑セイタカアワダチソウ（黄色い花。ここではウラナミシジミが訪花）とヒヨドリバナ（白い花）。２種とも同じような環境に生育し、秋に開花します。

↑セイタカアワダチソウで吸蜜するキタテハ

ナンキンハゼの果実をついばむ野鳥カワラヒワ。こうして、外来植物の種子は散布され、さらに分布が拡大していく可能性があります。

農林業に対する被害

農作物も外国から伝来してきた種や品種が多いのですが、それらに被害を与える害虫も外来種が多く、また、田畑や果樹園などの雑草も外来種が優占的です。ここではそのごく一部を紹介します。

アリモドキゾウムシ：サツマイモの害虫。南西諸島に分布。

イセリアカイガラムシ：ミカン類などの害虫。

アフリカマイマイ：野菜類を食害する陸生の貝。

アメリカシロヒトリ：果樹や庭木、クワなどの害虫。

クリタマバチによってクリの芽にできた虫こぶと幼虫（円内）。

マツノザイセンチュウによると思われる松枯れとそれを媒介するマツノマダラカミキリの幼虫（円内）。

アレチウリ：特定外来生物にも指定されている雑草。

オオオナモミ：畑や果樹園の雑草。「ひっつきむし」としても有名。

トウネズミモチ：ヒヨドリなどによって種子散布され、各地に繁茂。

人体に対する影響

人体に与える影響で、刺す、咬むといった危害や花粉症など影響は多方面に及びます。

ヒロヘリアオイラガ幼虫：毛に触れると刺され、痛みを感じます。

セアカゴケグモ：咬まれると腫れ、重態になることもあります。

アオマツムシ：鳴き声は美しいのですが、集団で鳴くとうるさく感じ、特に在来のコオロギなどの鳴き声が聞き取りにくくなります。また、幼虫、成虫ともサクラなどの庭園木の葉を食害することがあります。左は雌。

ブタクサ：花粉症の原因になる植物です。

オオブタクサ（クワモドキ）：花粉症の原因になります。

アレチヌスビトハギ：果実が衣服に付くと取り除くのに苦労します。

キョウチクトウ：インド原産の庭木で、葉などに毒があり、これをかじったりして、中毒を起こした例があります。

在来種と外来種の交雑

近縁な在来種と交雑することで、雑種が生じ、純粋な在来種が減少するといった例が知られています。タンポポ類では複雑な雑種ができ、種の同定が難しく、外来種タンポポ種群として扱っている場合もあります。ニホンザルとタイワンザルとの交雑の例なども知られています。

在来のトウカイタンポポ

外来のタンポポ（セイヨウタンポポと考えられる種）

セイヨウタンポポと考えられるタンポポ果実。雑種が形成されている可能性もあります。

生育環境の変化、アレロパシー

河原に根を張って、砂を溜め、他の在来植物の生育環境を変化させたり、根粒菌によってその土地を富栄養にして貧栄養に適応した植物の生育を妨げたりするといった影響もあります。さらに、アレロパシー（他感作用）と言って、他の植物の生育を妨げる物質を放出する外来植物もあります。

シナダレスズメガヤ：主に河原で群生し、カワラヨモギなどの在来種と生育場所をめぐる競争を起こす他、株の周囲に砂を溜め、河原の環境を変化させます。

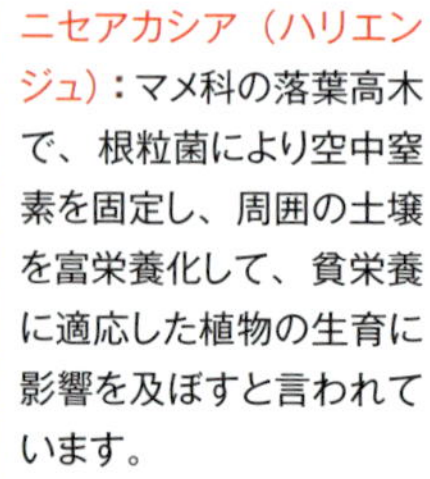
ニセアカシア（ハリエンジュ）：マメ科の落葉高木で、根粒菌により空中窒素を固定し、周囲の土壌を富栄養化して、貧栄養に適応した植物の生育に影響を及ぼすと言われています。

ニセアカシアの林床ではアレロパシーにより他の植物の生育が悪くなる場合があります。

生活史のかく乱？

えさが不足する季節に冬眠や夏眠する在来種が、外来種が侵入したことでこうした季節にえさが確保できるようになり、休眠せずに活動する現象がテントウムシで見られるようになっています。外来種によって在来種の生活史にかく乱が生じている可能性もあり、今後注目する必要があります。

メマツヨイグサに寄生するマツヨイグサアブラムシとそれを捕食するナナホシテントウ（８月上旬）。
夏にはえさのアブラムシがいなくなり、本来夏眠に入っているはずのナナホシテントウが夏にも発生するマツヨイグサアブラムシを捕食して活動し、生活史に乱れが生じている可能性があります。

同様な現象はセイタカアワダチソウヒゲナガアブラムシとナナホシテントウの関係にも見られます（６月下旬）。

その他

ドバト（カワラバト）は市街地の建物などに営巣し、糞（ふん）による害が問題になっています。

アライグマ（夜間の赤外線写真）：農作物の食害やサンショウウオ等の捕食、文化財の建物への損傷など多方面に影響を与えています。

これ以外にも寄生虫や病原菌の持ち込み（外来哺乳類などの体に付着して侵入）や外来貝類の付着による導水管等の詰まりなど、いろいろな影響が知られています。

外来種が食物連鎖に入ると

外来植物を食べる昆虫などを観察したり、外来昆虫が食べている生物を観察し、食物連鎖による外来種の影響を確かめてみましょう。２段階の連鎖（特に植物とそれを食べる昆虫やアブラムシとテントウムシの連鎖）なら観察の機会は多いと思います。外来生物の本や図鑑はかなり出ていますので、どれが外来種かはそれらで調べてみましょう。

外国からいろいろな生物が入ってきて、日本の生態系に大きな影響を与えています。食物連鎖において、生産者（緑色植物）、１次消費者（草食動物）、２次消費者（肉食動物）の３段階を考えてみますと、少なくともどれか一つの段階に外来種が入ると、連鎖の種類は８倍にもなります。

このことからも、外来種は日本の在来生物にいろいろな影響を与え、いったん生態系に入り込むと、排除が難しくなることがわかります。ここでは捕食性の種（２次消費者）が多く、比較的観察しやすいテントウムシ類を中心に紹介します。外来種は赤字で、在来種は青字で示しました。

	生産者（緑色植物）	１次消費者（草食動物）	２次消費者（肉食動物）
タイプ１	在来種	在来種	在来種
タイプ２	在来種	在来種	外来種
タイプ３	在来種	外来種	在来種
タイプ４	在来種	外来種	外来種
タイプ５	外来種	在来種	在来種
タイプ６	外来種	在来種	外来種
タイプ７	外来種	外来種	在来種
タイプ８	外来種	外来種	外来種

タイプ１

在来種どうしの連鎖で、日本の自然の本来の姿です。

生産者：ユキヤナギ（葉、枝）

１次消費者：ユキヤナギアブラムシ（ユキヤナギの葉や茎から吸汁）

２次消費者：ナミテントウ（成虫）

タイプ２

生産者と１次消費者が在来種で、２次消費者が外来種の例です。
生産者：ネムノキ（葉）
１次消費者：ヤマトキジラミ（茶色の昆虫でネムノキから吸汁）
２次消費者：フタモンテントウ（成虫）

タイプ３

生産者が在来種で、１次消費者が外来種、２次消費者が在来種の例です。
生産者：ソメイヨシノ（葉）
１次消費者：ヒロヘリアオイラガ（幼虫）。サクラなどの葉を摂食）
２次消費者：シジュウカラ

タイプ４

生産者が在来種で、１次、２次消費者が外来種の例です。
生産者：ミカン類などの在来植物
１次消費者：イセリアカイガラムシ（ミカン類の葉や枝から吸汁）
２次消費者：ベダリアテントウ（成虫）

タイプ 5

生産者が外来種で、1 次、2 次消費者が在来種の例です。
生産者：トウカエデ（葉）
1 次消費者：イタヤミドリケアブラムシ
2 次消費者：ナミテントウ

タイプ 6

生産者が外来種で、1 次消費者は在来種、2 次消費者が外来種の例です。
生産者：トウカエデ（葉）
1 次消費者：イタヤミドリケアブラムシ
2 次消費者：フタモンテントウ（幼虫）

タイプ 7

生産者と 1 次消費者が外来種で、2 次消費者が在来種の例です。
生産者：セイタカアワダチソウ（茎、葉）
1 次消費者：セイタカアワダチソウヒゲナガアブラムシ（赤いアブラムシで、セイタカアワダチソウから吸汁）
2 次消費者：ナナホシテントウ（成虫）

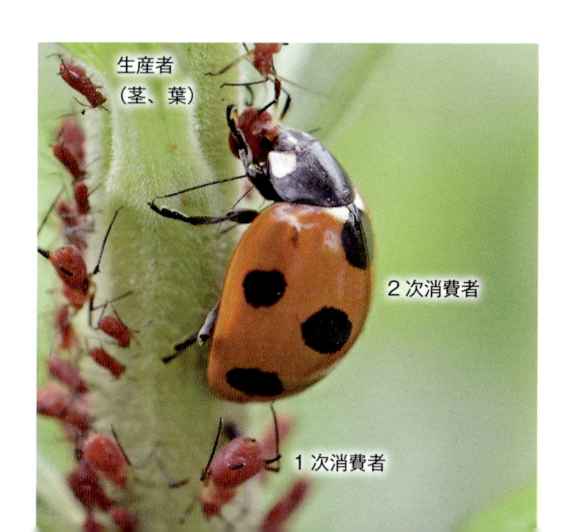

タイプ8 すべての段階が外来種で構成されている例です。

生産者：ギンネム（葉）
1次消費者：ギンネムキジラミ（薄黄色の小さな昆虫）
2次消費者：ハイイロテントウ（成虫）

生産者：セイタカアワダチソウ
1次消費者：セイタカアワダチソウヒゲナガアブラムシ
2次消費者：フタモンテントウ（成虫）

生産者：メマツヨイグサ
1次消費者：マツヨイグサアブラムシ
2次消費者：フタモンテントウ（成虫）

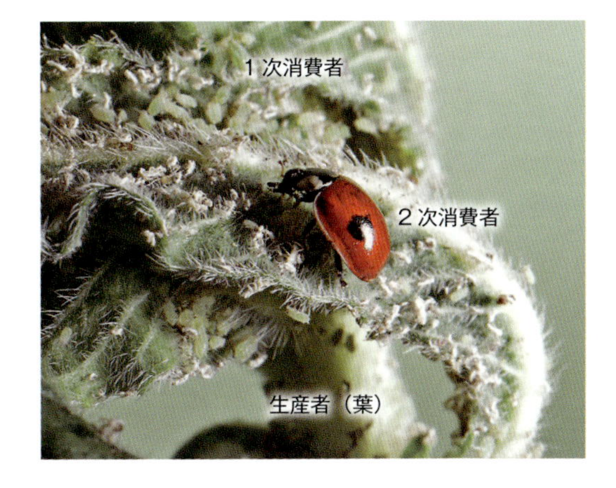

外来種に関するＱ＆Ａ

外来種問題は今や切実ですが、日本の生態系にどんな影響を与えているのか、よく観察、調査して判断することが大切です。外来種即、悪者、排除でしょうか?

Q ツバメは外国からやって来くるので外来種と考えられるのですが？

A 確かにツバメは春にフィリピン等の外国からやってきますが、毎年、日本とフィリピン等の国々を往復していて、それが通常の生息地であり、生活史であるため、在来種です。

ツバメは日本で繁殖します。日本で繁殖しないハクチョウやツグミ等の冬鳥も在来種です。

ただし、同じ国内でも地域から今まで分布していなかった地域（島など）に侵入してくれば外来種（国内外来種）となりえます。

ツバメ

ツグミ

コアジサシ：夏鳥で南半球から渡ってくると言われています。

オオハクチョウ（若い個体）

ヤエヤマセマルハコガメ：西表島、石垣島に分布する国の天然記念物ですが、人為的に沖縄本島等に持ち込まれていると言われており、国内外来種です。

Q **水田は人為的に改良したイネという外来植物を栽培するために人為的に造ったものです。しかし、今や水田はメダカ類やトンボ類など多様な里山の生物が生息する場所として注目されているのはなぜでしょう？**

A イネは外来種で、しかも品種改良された植物で、野生植物ではありません。ただ、日本に伝来して、数千年以上にもなり、日本の環境になじんでいます。しかも、逃げ出して野生化（雑草化）することもありません。

水田もそのものは人工物ですが、それを構成している水やイネを含む水草は自然です。しかも、稲作のサイクルは毎年、ほぼ規則的に繰り返されていて、こうした環境、サイクルに適応した生物の生息場所になっているのです。ただ、最近はこうした稲作のサイクルに変化が出て、アカガエル類やトノサマガエルなどは個体数が減少し、レッドリスト種に選定されています。

水田はトンボ類などいろいろな水生生物が生息する生物多様性に富んだ場所にもなっています。

ニホンアカガエルは早春に産卵しますが、農業形態の変化で、早春に水のない水田では繁殖できなくなり、個体数が減少し、レッドリスト種に選定されている地域もあります。

水田を利用する野鳥
アオサギ（左）やカルガモ（右）も水田でよくえさを採ります。

稲刈りが終わって「初期化」された水田。

水田の畦（あぜ）を利用する**キジ**：畦もいろいろな生きものが繁殖や生育の場所として利用します。

Q 実のなる木を植えて、野鳥を呼びましょうという活動もありますが、野鳥のよく来る外来の植物でもかまいませんか？

A 実のなる木が多くなると、野鳥にとってはえさが多く確保でき、確かに好ましいことかもしれません。野鳥は一般に果実を食べてその種子を散布して、植物の分布拡大を助けます。つまり、野鳥と植物は共生関係にあります。こうして、野鳥によって外来植物が繁茂すると、在来の生態系にとっては必ずしも好ましいことではありません。

その地域に自生しない植物を庭木や街路樹として植えると、その種子が里山に散布され、里山の植生、生態系が変化する可能性もあります。これは、外来植物に限ったことではなく、在来植物でも同じです。よく検討して、植える植物を選定し、その後の生態系や景観（特に里山）に与える影響もよく考える必要があります。その地域に自生している植物を植えるのが無難です。

外来種ナンキンハゼの果実をついばむスズメ。

ナンキンハゼの葉はシカが食べないこともあり、世界遺産のある奈良市の奈良公園ではかなり繁殖して、いろいろな影響が出ているようです。ただ、紅葉は美しいのですが。

クロガネモチの実をついばむヒヨドリ。
クロガネモチは西日本に自生していますが、庭木や並木としてかなり植栽されています。並木からの野鳥による種子散布で、本種が自生していない里山に侵入している例もあります。

ナンキンハゼの紅葉。

外来種の和名は赤字で、在来種の和名は青字で示します。

Q 外来植物の花（蜜や花粉）は昆虫にとっては好ましいと思うのですが？

A 個々の種の昆虫にとっては有用と思われますが、在来の昆虫が外来植物に訪花して、在来植物への訪花頻度(ひんど)が低下してしまうと、在来植物の繁殖に悪影響が出てくる心配もあります。昆虫が外来植物にどの程度訪花しているのか観察することもポイントの一つです。

コスモスで吸蜜する在来種
オオチャバネセセリ

今や日本の秋の風物詩にもなっているコスモス（外来園芸植物）。単に、外来種としてだけではなく、その効果を風物詩や生活面、文化面からも考察してみる必要がありそうです。

シロツメクサで吸蜜する在来種
アオスジアゲハ

都市緑地のシロツメクサ（クローバ）群落。蜜の少ない都市部では昆虫の重要な蜜源になっているようですが。

スイカズラ科の半常緑低木アベリア（ハナゾノツクバネウツギ）。中国原産の雑種植物で、日本には 1920 年頃ごろ、園芸植物として導入されました。害虫があまりつかず、刈り込みにも強いため、公園や道路の緑地帯などに広く植栽されています。花期はたいへん長く、小さな花を 5 月頃から 11 月頃まで、次々と咲かせます。昼も夜もいろいろな昆虫が蜜を吸いにやってきますので、訪花昆虫の観察には大変適しています。

イチモンジセセリ。ほぼ全国的に分布し、アベリアでよく蜜を吸います。幼虫はイネの葉を食べる害虫です。アベリアがイチモンジセセリの繁殖や分布の拡大を後押ししている可能性もあるのですが、まだよくわかっていません。

Q 保全の対象になるような外来種はありますか？

A 外来種でレッドリストや天然記念物等になっている例はあります。たとえば、フジバカマは秋の七草の一つですが、かなり古い時代に中国から渡来した外来種という説もあります。現在、野生状態では非常に少なくなっているので、絶滅危惧種に選定されています。

ケラマジカは九州本土から慶良間諸島に移入されたニホンジカが独自の進化をとげて、ケラマジカと呼ばれるようになりました。沖縄県慶良間諸島からみれば国内外来種です。分布域が限定され、独特の形態に変化したため天然記念物に選定されています。

もう一つの例は原産地で個体数が減少し、そのままでは絶滅が危惧される種です。フタモンテントウは原産地はヨーロッパなどですが、日本では1993年に発見され、その後、大阪湾岸地域で発生を続けています。ところが、アブラムシの天敵としてアジアから導入したナミテントウの捕食を受けて、原産地のヨーロッパでは激減しています。日本では確かに外来種ですが、地球規模で本種の存続を考えた場合、外来種でも保全する必要があるかもしれません。こうした例は最近、いくつか知られるようになっているようです。

フジバカマ：秋の七草の一つですが、中国原産の外来種とも言われています。日本での自生は稀です。

ケラマジカ：沖縄の慶良間諸島に分布する国内外来種で、天然記念物です。

フタモンテントウ：原産地のヨーロッパでは激減。日本でも在来のナミテントウに捕食されることがあります。まだ絶滅危惧種等に選定されていませんが、今後検討の余地があります。

Q 日本で人間に役に立っている外来種はありますか？

A 外来種はほとんど悪者扱いにされがちですが、役に立っている外来種も少なくありません。イネをはじめかなりの農作物は外来種です。また、天敵として導入して効果的に活躍している種もあります。その種の特性をよく調べ、日本の生態系への影響を十分検討して導入することが不可欠で、その後の管理やモニタリング等も重要です。

カイガラムシ（白い虫）を捕食する外来（導入）種のベダリアテントウ

外来種の和名は赤字で、在来種の和名は青字で示します。

日本で雑草を食べる外来昆虫は益虫ですか？

A 外来植物や在来の雑草を食べる外来昆虫は、一見、益虫のように見えますが、農作物への食害や在来種との競争などの面からよく調べてみる必要があります。

在来種ヘクソカズラから吸汁して葉を変色（白い点々）させる外来昆虫ヘクソカズラグンバイ（幼虫も成虫（写真）も吸汁）

ブタクサハムシ（幼虫、成虫）に摂食された外来種オオブタクサの葉。ただ、ブタクサハムシはヒマワリも食害することが知られています。

外来種に時差ぼけはありますか？

ヨーロッパ産のテントウムシで調べたところ、現地の昼夜ではなく日本の昼夜に従って行動しているようでした。

外国に行って時差ぼけを経験された方は少なくないと思います。時差ぼけとは、時差によって体内の生理的リズムが乱れ、体に変調をきたすことです。外来種は時差を感じているのでしょうか。

筆者は、ヨーロッパ原産のフタモンテントウの行動（歩行、捕食、交尾、産卵、静止など）を実際に調べてみました。ヨーロッパと日本の時差は8時間前後あります。テントウムシ類は昼行性ですが、フタモンテントウは日本でもやはり昼間活動して夜静止するという昼行性でした。日本にやって来てからの年数にもよりますが、多くの外来種は原産地の昼夜ではなく日本での昼夜に従って行動しているようです。

しかし、外来種と時差の関係は余り調べられていないようですから、みなさんでいろいろな外来種で観察してみてください。

フタモンテントウ（ヨーロッパ原産）の交尾（神戸市、9:54 [1:54]）

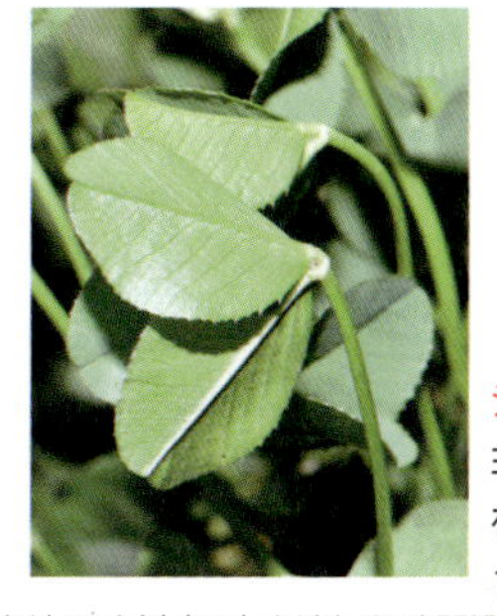

シロツメクサ（クローバ，ヨーロッパ原産）も夜は葉を閉じます（名古屋市、19:44 [11:44]）

*:写真の（　）内は撮影地、日本時間（時:分）、[ ] 内は原産地の時刻（日本よりも8時間遅いとした場合。時:分の順）

Q 外来種を見つけたらどうすればいいですか？

A これまでに見てきたように、外来種すべてが悪いわけではありません。すでに日本の生態系に組み込まれてしまって、外来種を排除するとかえって生態系のバランスが崩れる可能性も考えられますし、外来種に依存している在来種もあります。したがって、排除は慎重にしなければなりません。もちろん、特に排除の義務はありません。

特定外来生物という、生きた個体をむやみに移動することが法律で禁止されている生物もいます。特定外来生物は、「外来生物法」により、飼育、栽培、保管、運搬、販売、譲渡、輸入、野外に放つことなどが原則として禁止されている生物です。違反した場合、罰則があります。詳しくは環境省のホームページなどを見て、うっかり生きたまま移動したり、飼育などをすることがないように注意して下さい。こうなる前に外来種を日本に入れないことが重要です。

特定外来生物に関する環境省のホームページ

https://www.env.go.jp/nature/intro/index.html

外来種シナダレスズメガヤで越冬する在来種キタテハ成虫（上）とナナホシテントウ成虫（右）。すでにいろいろな形で外来種を利用する在来種がいるため、外来種の排除には慎重さが求められます。

特定外来生物のウシガエル。生きている卵やオタマジャクシの移動も禁止されています。

特定外来生物オオキンケイギク

 **外来種に責任はありますか？**

 基本的には外来種に罪（責任）はないはずです。

ほとんどの外来種は人間により侵入しました。輸入物資に付着して侵入したり、輸入ペットが逃げ出したり、飼いきれなくなって故意に野外に逃がしたり、捨てたり、また、栽培植物が野生化したり、原因はいろいろですが、大部分は人間の不注意や過失によるものです。外来種は環境が適していれば、その種の繁殖特性や生活史に従って、その種なりに侵入地で生活しているに過ぎません。多くの種はもともと分布を拡大して種の繁栄をはかる戦略をもっていますので、自力で従来の分布域外に拡散する種もないわけではありませんが、それはごく少数です。そのような種もその種の特性に従っているまでです。本書で、外来種について割と詳しく紹介したのも、皆さんでよく観察し、適切に理解してもらいためです。

外来種のソウシチョウ。つぶらな瞳で、人間に何かを訴えているよう。

外来種の和名は赤字で、在来種の和名は青字で示します。

エコロード観察
—野生生物との共生をめざして—

自然観察では、自然環境に生息している生きものが対象になることが多いですが、人間活動が生きものの生活や生息にどのような影響を与え、また配慮されているかを観察することも重要です。身近な道路を生きものの立場に立って調査・観察してみましょう。

道路は人間生活に必要なものですが、野生生物に大きな影響を与えることもあります。したがって、できれば道路は造らないほうがよいのですが、それは不可能です。そこで、野生生物や自然環境にできるだけ影響を与えない道路が望まれます。ここでは道路と野生生物の関係を観察してみましょう。エコロード（Eco-Road）とは環境に配慮した道路の意味です。

身近な側溝でも

側溝とは道路の端にある小排水路ですが、この側溝にいろいろな動物が落下して死亡しているのが観察されます。その個体数は下表の例のように膨大です。

道路の端にある小排水路 = 側溝

垂直な側溝に落ちて死んだミミズ

●側溝の長さ 40 m の範囲で記録された主な動物個体数

動物の種類	生きていた個体数	死んでいた個体数	合計
ミミズ類	211	1819	2030
ワラジムシ・ダンゴムシ類	8818	392	9210
爬虫類	1	0	1
両生類	5	0	5

奈良市矢田丘陵の里山付近の側溝で、4 月～12 月の 9 か月間の合計個体数。どの個体も毎回調査後に回収。

側溝（深さ 40 cm）の中を歩きまわるダンゴムシ。円内は死亡個体。

これだけ深い側溝（深さ 35 cm）だとカエルもジャンプして脱出するのは困難?

側溝に天然記念物も

下の写真は沖縄県西表島で観察された側溝に落下していた動物です。ヤエヤマセマルハコガメやキシノウエトカゲなどの天然記念物もいます。種によっては自力ではい上がったり、側溝に堆積した落ち葉等を足がかりにしてはい上がれる場合もありますが、そのまま死んでしまうこともあります。垂直な側溝は野生動物にとって大変危険です。

ヤエヤマセマルハコガメ（天然記念物）

サキシマハブ

キシノウエトカゲ（天然記念物）

ヤシガニ

そこで、最近の側溝は

スロープがつけられ、野生動物がある程度、はい上がれるような構造の側溝が増えています。

山側がスロープの側溝で、落下しても車道に出ずに安全な場所にはい上がれます。

階段のある側溝

ロードキル（Road Kill）

道路上で野生動物が車にひかれて死亡することをロードキルと言います。昆虫やミミズなどからカエル、カメ、野鳥、哺乳類など多様な生きものが犠牲になっています。特に希少な野生動物の生息地では、ドライバーは細心の注意が必要です。さらに、道路照明に集まった昆虫類のロードキルも深刻な問題です。

ロードキルにあった天然記念物ヤエヤマセマルハコガメ

ロードキルにあったシロハラクイナ

自動車と衝突したと思われるクマバチ。この上に吸蜜植物のフジの花がありました。

ロードキルにあったヘビの死体を食べにやってきたオサムシがさらにロードキルにあった例。こうした二次災害を防ぐために、ロードキルにあった個体は可能な限り道の脇の草むらなどに移動しておくことが必要です。

道路照明

道路にはいろいろな照明が使われていますが、この光に昆虫が集まって、路上に落下して、車にひかれる場合も少なくありません。またそれを食べに来たカメなどの動物も犠牲になります。そこで、昆虫をあまり誘引しない波長のナトリウムランプなどを使うことが多くなっています。

水銀灯に集まったガなどの昆虫

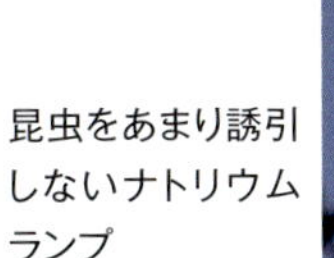

昆虫をあまり誘引しないナトリウムランプ

道路法面

道路法面(のりめん)(斜面)の緑化には、以前は成長が早く管理しやすい外来牧草などが使われてきましたが、エコロードでは地元の植生を復元し、地元の自然環境にマッチした工法がとられています。

日本で最初のエコロードの法面（栃木県日光市）。地元の植生を復元し、現在は里山林化し、野鳥の営巣も認められています。正面は男体山。

法面の植生の状況： フェンスもシカが越えられない高さにしてあります。

注意

道路の観察では、交通事故には細心の注意を払ってください。また、深い側溝も注意が必要です。通行の妨げにならない配慮も必要です。路上や側溝の動物を助けるときも、十分な注意が必要です。

地球上のヒトの体積は？
―バイオマスに注目して生きものの未来を考える―

ヒトと言う生物は、自然破壊、環境汚染、地球温暖化、外来種の持ち込み等、地球環境にとって好ましくない面もあります。では、ヒトのバイオマスはどれくらいなのでしょう。たった１種類の生物でも地球規模での影響力を持っているので、かなりのバイオマスがあるのではないでしょうか？

生物の重さやエネルギー等の現存量のことを「バイオマス（Biomass)」と言います。たとえば、ある時点での「全地球上のクジラのバイオマス（クジラ全部の重さ）」とか「ある地域のマツの木のバイオマス（全部のマツの木の、根の部分まで含めた重さ）」のように言います。

ヒトのバイオマス

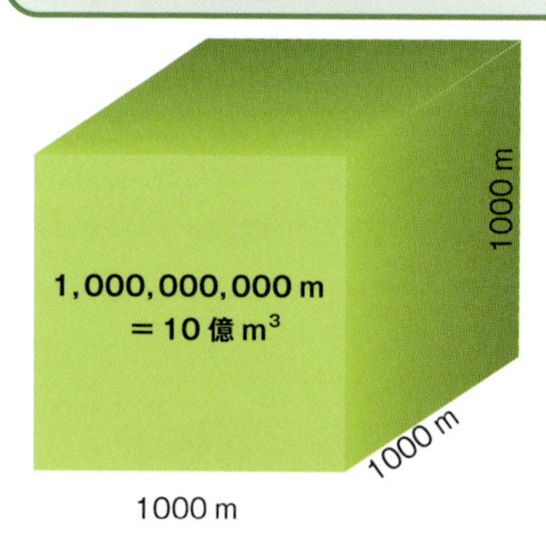

今、左のような一辺が1000 mの立方体を考えます。その体積は10億 m^3 です。世界の人口は現在約70億人と言われています。ここで、ヒトの体積を子供、大人の平均として一人0.05 m^3 と考えるとします。そうすると70億のヒトの体積は、

70億人×0.05 m^3 ＝3.5億 m^3 です。

何と全世界の70億のヒトは、左のような一辺が1000 mの箱の中に理論的に収まってしまうのです。

こんな箱はなかなか想像できませんが、次のように考えてみましょう。直径2000 m、高さ350 mの山の体積は円錐とみなすと3.66億 m^3 なので、世界中の人々は皆さんの近くにある里山くらいの体積しかないことになります。70億と個体数（人口）は多いですが、バイオマス（ここでは体積で示します）は意外に（？）少ないたった１種類の生物ヒトが、今や地球環境に大きな影響を与えているのは、なぜでしょう？

底面の直径が 2000 m、高さが 350 m の円錐形の山とすると、その体積は 3.66 億 m^3

身近なバイオマスの例

●卵（玉子）

●米

●蚊

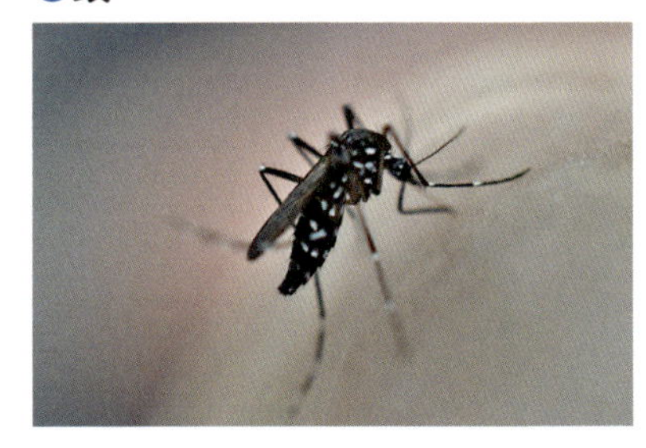

卵はよく利用される食品の一つです。一人１日１個の卵を消費するとし、卵の重さを平均70ｇとすれば１年間の卵の消費量（累積的なバイオマス）は

70（g）× 365（日）＝ 25.6 kg

日本人１億2000万人では

25.6（kg）× 120000000（人）＝約307万t

これ以外に、パンやお菓子などにも卵は使われていますから、その消費量はかなり増えるはずです。

一人１日150ｇ（ほぼ１合＝0.18Ｌ）の米（ご飯に炊く前の米）を消費するとすれば、１年間の米の消費量（累積的なバイオマス）は

150（g）× 365（日）＝ 54.75 kg

（体重くらいの量を１年間に消費しているわけです）日本人１億2000万人では

54 .75（kg）× 120000000（人）＝657万t

１年間に日本で何匹蚊の類が発生しているかを知ることはほとんど不可能です。そこで、一人１年間に10回蚊に刺され、蚊は生涯１回しか刺さないと仮定すれば

10（匹）× 120000000（人）＝ 12億匹

の蚊類（いろいろな種類を合わせて）がいると推定できないことはありません。また、蚊１匹の重さを２mgとすれば

12億（匹）× 2（mg）＝ 2400 kg

と推定できます。これが１年間の日本の蚊の発生量と言えると思います。もちろん、蚊（雌）は家畜やいろいろな野生動物からも吸血するので、個体数は雄も加えるとこの何倍も存在すると思われます。

■ヒトのバイオマスは意外と小さい

上に紹介した卵や米を生産するにもばく大な量のエネルギーや物資、設備が必要で、2400kgの蚊を防ぐにもこの何倍もの量の防虫スプレーや殺虫剤などが使われているはずです。

ヒトと言うたった１種類の生物。今や地球環境に大きな影響を与えています。しかし、その全体積（バイオマス）は意外と少ないことに気づく必要があります。問題は、その広い行動圏、ばく大な消費量と排出量ではないでしょうか。身近ないろいろな生物のバイオマスに注目し、ヒトと言う生物をバイオマスや消費量の面から考えてみましょう。

用語解説、引用・参考文献

用語解説

● あ行 ●

アメダス（**AMeDAS**）：地域気象観測システムで、Automated Meteorological Data Acquisition System（意味は「自動気象データ観測システム」）の各単語の最初の1文字（Meteorologicalだけは最初の2文字Me）を用いて、AMeDASと呼びます。全国各地に設置されており、無人で、降水量、気温等を自動観測し、毎正時（1時、2時、……23時、24時）に観測されたデータを送信しています。

アレロパシー（**Allelopathy**）：ある植物が他の植物の成長を抑えたり、昆虫類を防ぐなどの物質を放出すること。他感(たかん)作用とも言います。122ページで紹介したニセアカシア（ハリエンジュ）以外でも、クルミ類やマツ類、ヨモギ、ギンネム等多くの植物が他感作用を持っていることがわかっています。身近なヨモギやマツ類でも観察してみてください。

維管束(いかんそく)：種子植物とシダ植物にある組織で、同化物質等の通路（篩部(しぶ)）と水や養分の上昇通路（木部(もくぶ)）から構成されています。

隠蔽効果(いんぺい)：動物の体色が周囲の色と紛らわしく、他の動物に発見されにくくする効果です。特にえさ動物（被食者）の場合には、保護色と言います。捕食者の場合では、えさ動物に見つからずに近づける効果があります。

エコロード（**EcoRoad**）：Ecology（Ecological）（環境保護をめざした）とRoad（道路）を組み合わせた用語です。特に生物の生息に配慮した道路の意味で使われることが多いようです。

越夏(えっか)：冬越しはよく知られていますが、越夏は暑い夏に休眠する現象で、夏眠(かみん)とも言います。テントウムシ類成虫やチョウ類成虫等で、越夏する種がかなり見つかっています。

越冬(えっとう)：一般に寒く、えさが不足する冬を越すこと。特に休眠状態（活動できる温度になっても発育や生殖を行わないなどの状態）にある越冬は冬眠(とうみん)と言います。

● か行 ●

かく乱（**攪乱**）：「かき乱す」という意味で、生態系ではそれまで安定したシステムが外来種の侵入などにより、バランスがくずれることです。特定の外来種が繁殖して在来種の繁殖や生育環境に影響を及ぼしたりすることなどがその例です。

河川のはんらん等も河川生態系ではかく乱要因になりますが、こうしたはんらんによる「初期化」が、長期的にみると必要だとする見方もあります。また、里山林の定期的伐採、水田における灌漑(かんがい)（水利）、田植え、稲刈りなども一種のかく乱と言えますが、こうしたかく乱に適応した生物も少なくありません。

果実：一般には「実」と呼ばれることが多く、生物学的には種子植物の花が受精し、その子房(しぼう)および花托(かたく)（花柄の先端。花の各部が着生する部分）や花軸(かじく)（花を支える茎）などの付随部分が発育、成熟したものです。中に種子を含み、花托が多肉化して、食べられるようになったものがイチゴなどで、中果皮が食べられるものがモモなど、内果皮(核)の中の仁を食べるのがアーモンドなどです。

仮導管：維管束の木部を構成し、細胞壁は木化して、表面には孔があり、水や養分の通路になっています。

救荒植物：飢饉を救う植物で、ふだん食べている作物ではなく、山野に自生する植物が利用されます。たとえば、トチノキの実はあくが強くそのままでは食べられませんが、あくぬきして食用にして飢えをしのいだと言われています。

胸高直径：木の幹の太さを知るときは、ほぼ胸くらい(地表から 1.2 m)の高さで直径を測ります。その値を胸高直径と言います。幹(輪切り)を円形とみなし、これくらいの高さの直径が最も測りやすく、その木の太さを代表していると考えられます。

鋸歯：葉の縁がのこぎりの歯(刃)のように細かくぎざぎざになっているものです。

クロロフィル(Chlorophyll)：葉緑素。緑色植物や藻類の細胞に存在する緑色の色素で、光合成を行います。なお、葉緑体は葉緑素等を含む構造体を指します。

国内外来種：同じ国内で、他地域からそれまでに分布していなかった地域(特に島)に侵入した種です。

コンクリート(Concrete)：人工物であるセメントに天然物である砂、砂利、水をかきまぜて固まらせた物質です。

● さ行 ●

ジビエ(Gibier)：シカ、ノウサギ、キジ等の野生鳥獣の肉です。

消費者：人間社会では、生産された物資を購入などにより利用する人のことですが、生態系では、緑色植物など生産者が合成した有機物を利用する動物のことをいいます。緑色植物等を直接利用する動物は植食動物(1 次消費者)で、それを利用する動物が 2 次消費者(肉食動物)で、さらにそれを利用する動物は 3 次消費者などと、食う食われるの関係でつながり、食物連鎖となります。

生産者：人間社会では、農産物や工業製品などの生産をする人や会社などのことですが、生態系では無機物から有機物を合成する緑色植物などで、生態系の栄養段階(食うものと食われるものの段階)の基盤を構成しています。

セメント(Cement)：石灰石、粘土、酸化鉄を加熱し、粉状にした物質で、特に、コンクリートにして使います。

● た行 ●

特定外来生物：特に影響力の強い外来種の分布拡大や繁殖を防ぐため、外来生物法によって定められた種です。特定外来種は、飼育、栽培、保管、運搬(移動)、販売、譲渡、輸入、野外に放つことなどが原則として禁止されています。特定外来生物は環境省ホームページなどで調べ、取扱いには十分注意してください。その場で、そのまま観察するのはかまいません。

● な行 ●

ナトリウムランプ：ナトリウム蒸気中の放電によるオレンジ色の光を発するランプで、昆虫類を誘引する紫外線の割合が少なくなっています。

● は行 ●

バイオマス(Biomass):ある空間(地域等)で現存(そのときに存在)する生物の重さやエネルギー量で、本書ではこの意味で使用しています。ある期間内に生産された生物量(たとえば、1年間に生産された卵の量(個数や重さ)など)は生産量と言いますが、本書では便宜的に「累積的なバイオマス」という表現も使っています。また、バイオマスは「生物体をエネルギー資源として発電や工業原料等として利用すること」の意味で使うこともあります。この場合は、資源として利用する生物体や糞などを「バイオマス」と呼ぶこともあります。

バードウォッチング(Bird Watching):野鳥(の行動や生態)を観察することで、「探鳥(たんちょう)」とも言います。

ビューフォート風力階級:イギリスの海軍軍人で水路学者のBeaufort(1774～1857)の考案した風の強さの階級で、樹木などの揺れの程度や波の動きを目視して、風速を0から12までの13の階級に分類したものです。

分解者:生物の遺体や排泄(はいせつ)物といった有機物を無機物に分解する菌類(キノコやカビなど)や細菌などです。

変異:同種の生物間でも、形質(形や模様など)が互いに少しずつ異なっていることです。次世代に遺伝する遺伝的変異と、遺伝せずにその個体の世代にとどまる環境変異があります。

萌芽更新(ぼうがこうしん):樹木の幹や枝を伐採した後に、その切り口から出た芽(萌芽)を成長させて、再び林(雑木林)にして利用することです。

● ら行 ●

留鳥(りゅうちょう):季節的に移動を行わないで、年中ほぼ一定の地域で生息、繁殖する野鳥類です。

留鳥でも宇宙空間から見ると、地球の自転、公転とともに移動し、昼夜の変化や季節的変化を受けています。むしろ、渡り鳥は宇宙空間から見れば、移動が少ないのかもしれません?

レッドリスト(Red List):絶滅のおそれのある野生生物をリストアップしたものです。こうした生物に関する分布や生態などのデータを本の形にしたものが、「レッドデータブック」です。

ロードキル(Road Kill):野生動物などが路上で自動車などの車輪にひかれて死ぬことです。

引用・参考文献

● 全般的な文献 ●

青柳昌宏 1981. 自然観察のし方(グリーンブックス 76). 112pp. ニュー・サイエンス社.

学研教育出版 図鑑・百科編集室 2013. 自然観察(新ポケット版 学研の図鑑 16). 208pp. 学研教育出版.

浜口哲一 2006. 自然観察会の進め方. 71pp. エッチエスケー.

日浦勇 1975. 自然観察入門—草木虫魚とのつきあい—(中公新書 389). 224pp. 中央公論新社.

金田平・柴田敏隆. 1977. 野外観察の手びき. 337pp. 東洋館出版社.

川上洋一 2013. 日曜日の自然観察入門. 232pp. 東京堂出版.

河内俊英・桜谷保之 1996. 動物の生態と環境—動物との共生をめざして—. 178pp. 共立出版.

日本自然保護協会(編集・監修) 1994. 自然観察ハンドブック(フィールドガイドシリーズ 1). 422pp. 平凡社.

滋賀県立大学環境フィールドワーク研究会 2009. フィールドワーク心得帖(上). 59pp. サンライズ出版.

品田穣・海野和男 2002. 学力を高める総合学習の手引き. 128pp. 海游舎.

菅井啓之 2004. ものの見方を育む自然観察入門—理科教育の原点を見つめて—. 151pp. 文溪堂.

杉山恵一・近田文弘・清水哲也・池田二三高 2001. 自然観察の基礎知識—植物・鳥類・昆虫—. 211pp. 信山社サイテック.

東京大学環境安全本部 フィールドワーク事故災害対策WG(編) 2011. 大学・研究機関のための野外活動安全衛生管理・事故防止指針. 122pp. 霞出版社.

山口喜盛 2014. アウトドアを楽しむ 自然ウォッチングのコツ. 183pp. メイツ出版.

● 自然を探そう・よく見よう ●

自然って何でしょう?

江崎保男 2012. 自然を捉えなおす—競争とつながりの生態学—(中公新書 2198). 292pp. 中央公論新社.

ガリレオ・ガリレイ(今野武雄・日田節次 訳) 1937(2015: 第 29 刷). 新科学対話 上(岩波文庫 青 906-3). 209pp. 岩波書店.

ガリレオ・ガリレイ(今野武雄・日田節次 訳) 1948(2015: 第 22 刷). 新科学対話 下(岩波文庫 青 906-4). 224pp. 岩波書店.

中谷宇吉郎 1958(2015: 第 70 刷). 科学の方法(岩波新書 G50). 212pp. 岩波書店.

阪口秀・草野完也・末次大輔(編)2008. 階層構造の科学—宇宙・地球・生命をつなぐ新しい視点—. 227pp. 東京大学出版会.

とっても身近な自然観察—野菜の根—
とっても身近な自然観察—葉(葉脈)—

稲垣栄洋 2016. 面白くて眠れなくなる植物学. 205 pp. PHP エディターズ・グループ.

小林萬壽男 1975. 植物形態学入門—教師のための植物観察—. 128pp. 共立出版.

牧野晩成 1978. 果物と野菜の観察(グリーンブックス 44). 77pp. ニュー・サイエンス社.

日本植物生理学会(編)2013. これでナットク! 植物の謎 Part2. —ふしぎと驚きに満

ちたその生き方―(ブルーバックス).270pp. 講談社.
大原隆明 2009. サクラハンドブック. 88pp. 文一総合出版.

1枚の葉が持っている情報量

小林萬壽男 1975. 植物形態学入門―教師のための植物観察―. 128pp. 共立出版.
松本誠一 1987. 新総観気象学. 192pp. 東京堂出版.
森上信夫・林将之 2007. 昆虫の食草・食樹ハンドブック.80pp. 文一総合出版.
新開孝 2016. 虫のしわざ観察ガイド―野山で見つかる食痕・産卵痕・巣―.143pp. 文一総合出版.
鈴木孝仁(監修)・数研出版編集部(編)2013. 改訂版 視覚でとらえるフォトサイエンス生物図録.280pp. 数研出版.
田中修 2003. ふしぎの植物学(中公新書1706). 206pp. 中央公論新社.
薄葉重 2003. 虫こぶハンドブック. 82pp. 文一総合出版.
米山伸吾・木村裕 2001. 庭木の病気と害虫―見分け方と防ぎ方―. 220pp. 農山漁村文化協会.

毛虫は本当に害虫？―植物と草食動物の絶妙な関係―

北川尚史(著)・伊藤ふくお(写真) 2004. 奈良公園の植物.215pp. トンボ出版.
前迫ゆり・高槻成紀(編)2015. シカの脅威と森の未来―シカ柵による植生保全の有効性と限界―.247pp. 文一総合出版.
高橋史樹 1982. 個体群と環境―虫を通してみる生活の多様性―(UP BIOLOGY 48). 118pp. 東京大学出版会.

生きもののサイズの変異―ドングリの背比べ―

色や模様の変異

北川尚史(監修)・伊藤ふくお(著) 2007. どんぐりの図鑑 フィールド版.79pp. トンボ出版.
森廣信子 2010. ドングリの戦略. ―森の生き物たちをあやつる樹木―. 255pp. 八坂書房.
桜谷保之・夏原由博 1994. 資源生物系の統計学. 183pp. 文教出版.

生物の「表情」

ダーウィン（浜中浜太郎 訳）1931.(2015: 第13刷）人及び動物の表情について. 岩波文庫(青 912-7). 423pp. 岩波書店.
広沢毅(解説)・林将之(写真)2010. 冬芽ハンドブック.88pp. 文一総合出版.
井上英治・中川尚史・南正人 2013. 野生動物の行動観察法.183pp. 東京大学出版会.

● 目のつけどころをかえてみよう ●

観察と観測―気象観測とバードウォッチング―

古川武彦・室井ちあし 2012. 現代天気予報学―現象から観測・予報・法制度まで―. 220pp. 朝倉書店.
古川武彦 2015. 気象庁物語―天気予報から地震・津波・火山まで―(中公新書2340).180pp. 中央公論新社.
石原正仁・津田敏隆 2012. 最先端の気象観測(シリーズ新しい気象技術と気象学6). 175pp. 東京堂出版.
気象庁ホームページ http://www.jma.go.jp/jma/index.html
マリアン・S・ドーキンス（黒沢令子 訳）2015. 動物行動の観察入門―計画から解析まで―. 220pp. 白揚社.
錦一郎・鳥居憲親・桜谷保之 2011. カード型

図鑑を用いた自然観察会の活動成果—里山修復プロジェクトからの学びを形へ—. 近畿大学農学部紀要 第44号 123-130.

二兎を追う者は一兎をも得ず
—自分にとっての一兎とは？—

宮下直 2014. 生物多様性のしくみを解く—第六の大量絶滅期の淵から—. 227pp. 工作舎.
大伴遙香・福間千咲・桜谷保之 2012. 近畿大学奈良キャンパスにおけるキノコ群集の季節別、環境別変化. 近畿大学農学部紀要 第45号 47-93.
桜谷保之 1999. 近畿大学奈良キャンパスの生態系の概観. 近畿大学農学部紀要 第32号 69-78.
桜谷保之 2001. 近畿大学奈良キャンパスにおける野鳥類の食性. 近畿大学農学部紀要 第34号 151-164.
桜谷保之 2011. テントウムシ類の生態と里山の生態. 関西自然保護機構会誌 33(2) 125-133.

五感を使った自然観察

ファラデー(竹内敬人 訳) 2010. ロウソクの科学(岩波文庫 青909-1).250pp. 岩波書店.
藤丸篤夫 2014. ハチハンドブック . 104pp. 文一総合出版.
池田圭一・服部貴昭(岩槻秀明 監修) 2013. 水滴と氷晶がつくりだす空の虹色ハンドブック. 88pp. 文一総合出版.
岩本知莎土 2006. ポケット図解 はじめて読む色彩心理学.143pp. 秀和システム.
真木太一・真木みどり 2014. 自然の風・風の文化.164pp. 技報堂出版.
村井昭夫・鵜山義晃 2011. 雲のカタログ [空がわかる全種分類図鑑].143pp. 草思社.
内田正吉 2009. 里の音の自然誌. 95pp. エッチエスケー.

かわいらしさの秘密と観察
子供がかわいい？　大人がかわいい？
「ヒメ」はかわいい？

アニマ No.61. パンダがなんだ. かわいらしさの秘密. 1978. 平凡社.
アニマ No.170. ぬいぐるみの動物学. 1987. 平凡社.
堀内洋平・岡野めぐみ・石川裕貴・植田浩史・高良真佑子・松田すみれ・千田海帆・竹本雅則・藤井太基・桜谷保之 2013.「かわいらしさ」における生物多様性とその特性. 近畿大学農学部紀要 第46号 309-323.
北川尚史(監修)・伊藤ふくお(著) 2007. どんぐりの図鑑 フィールド版. 79pp. トンボ出版.
小林萬壽男 1975. 植物形態学入門—教師のための植物観察—. 128pp. 共立出版.
古賀令子 2009.「かわいい」の帝国. —モードとメディアと女の子たち—. 235pp. 青土社.
増井光子 2008. 動物の赤ちゃんは、なぜかわいい. 222pp. 集英社.
三上修 2013. スズメ—つかず・はなれず・二千年—(岩波科学ライブラリー213). 118pp. 岩波書店.
中平解 1988. フランス語博物誌〈動物篇〉>(植物と文化双書). 224pp. 八坂書房.
日本環境動物昆虫学会(編)・桜谷保之・初宿成彦(監修) 2009. テントウムシの調べ方. 148pp. 文教出版.
大高成元 1982. 写真集 動物の親子. 109pp. 草思社.
関由香 2007. いっぱいいるとかわいいね. 80pp. ソニー・マガジンズ.
島村麻里 1991. ファンシーの研究「かわいい」

がヒト、モノ、カネを支配する. 253pp. ネスコ.
ヤマザキミヨコ・笹田陽子・伊草亜希子 2008. きもかわくん 不思議でかわいい生物たち. 111pp. アスペクト.
四方田犬彦 2006.「かわいい」論(ちくま新書578). 206pp. 筑摩書房.

1匹の生きもののインパクト

錦一郎・鳥居憲親・桜谷保之 2011. カード型図鑑を用いた自然観察会の活動成果―里山修復プロジェクトからの学びを形へ―. 近畿大学農学部紀要 第44号 123-130.

● いろいろなシーンで観察しよう ●

1種類の生物が必要とする多彩な環境・条件 ―ナナホシテントウでは―

宮下直 2014. 生物多様性のしくみを解く―第六の大量絶滅期の淵から―. 227pp. 工作舎.
日本環境動物昆虫学会(編)・桜谷保之・初宿成彦(監修) 2009. テントウムシの調べ方. 148pp. 文教出版.
桜谷保之 1990. ナナホシテントウの越冬と越夏. インセクタリゥム 27(1) 4-9.
桜谷保之 1997. 冬に産卵するナナホシテントウとその産卵戦略. インセクタリゥム 34(10) 4-9.
桜谷保之 1998. 多彩な面を持つテントウムシ類. 昆虫と自然 33(5) 2-4.
桜谷保之 1998. テントウムシの生活史―ナナホシテントウを中心に―. 昆虫と自然 33(5) 11-15.
桜谷保之 1999. テントウムシ類の生態調査法. 第9回環境アセスメント動物調査手法講演会テキスト.51-61. 日本環境動物昆虫学会.
桜谷保之・三輪芳子 2005. 太陽放射を利用するナナホシテントウの蛹. 昆虫と自然 40(5) 40-43.
桜谷保之 2008. 越冬・越夏昆虫の調査法. 第18回環境アセスメント動物調査手法. 講演会テキスト 1-17. 日本環境動物昆虫学会.

街の中の自然―どんなレベルの自然？―

みどりと生き物のマップづくり会議 1993. みどりと生き物のしおり 見分け方篇. 大阪市立環境学習センター. 154 pp.(非売品).
みどりと生き物のマップづくり会議 1995. みどりと生き物のしおり 調査法篇. 大阪市環境保健局環境管理課. 169pp.(非売品).
根本正之(編著) 2010. 身近な自然の保全生態学―生物の多様性を知る―. 213pp. 培風館.

日食、月食―最大の自然観察？―

藤井旭 2014. 藤井旭の月食観察ガイド―2014年10月8日&2015年4月4日、日本で皆既月食が見られる！ 47pp. 誠文堂新光社.
久光彩子・曽我部陽子・寺田剛・大隅有理子・寺田早百合・平野綾香・杉田麻衣・松尾扶美・片山涼子・荻野直人・高見晋一・桜谷保之 2010. 2009年7月22日の部分日食に対する生物の反応―近畿大学奈良キャンパスにおける例―. 近畿大学農学部紀要 第43号 91-104.
大越治・塩田和生 2012. 日食のすべて . ―皆既日食と金環日食の観測と撮影―. 223pp. 誠文堂新光社.
白尾元理 2006. 月のきほん―MOON GUIDE―. 143pp. 誠文堂新光社.

里山の資源(衣食住燃)―クヌギの木の変身―

北川尚史(監修)・伊藤ふくお(著) 2007. どんぐりの図鑑 フィールド版. 79pp. トンボ出版.
三田村敏正 2013. 繭ハンドブック. 112pp. 文一総合出版.
森上信夫 2009. 樹液に集まる昆虫ハンドブック. 80pp. 文一総合出版.
城本啓子・桜谷保之 2004. 近畿大学奈良キャンパスにおけるヤママユガ科ガ類の生息状況. 近畿大学農学部紀要 第37号 9-16.
寺本憲之 2008. ドングリの木はなぜイモムシ、ケムシだらけなのか？ 218pp. サンライズ出版.

里山の多様な働き

エマニュエル・レベル（西久美子 訳） 2016. ナチュール 自然と音楽. 222pp. アルテスパブリッシング.
川島重成・茅野友子・古澤ゆう子(編) 2013. パストラル―牧歌の源流と展開―. 285pp. ピナケス出版.
大伴遥香・桜谷保之 2011. 近畿大学奈良キャンパスにおける山菜の生育状況. 近畿大学農学部紀要 第44号 23-33.
大伴遥香・福間千咲・桜谷保之 2012. 近畿大学奈良キャンパスにおけるキノコ群集の季節別、環境別変化. 近畿大学農学部紀要 第45号 47-93.
桜谷保之 2000. 近畿の里山について. 近畿の園芸 第2号 33-40.
桜谷保之 2001. 近畿大学奈良キャンパスにおける野鳥類の食性. 近畿大学農学部紀要 第34号 151-164.
桜谷保之 2012.「田園」（ベートーヴェン作曲交響曲第6番）における生物多様性. 近畿大学農学部紀要 第45号 119-128.
佐瀬亨・伊東雨音 2015. 魅惑の松脂たち. サラサーテ Vol.64. 42-47. せきれい社.
芹沢俊介 1995. エコロジーガイド 人里の自然. 196pp. 保育社.
城本啓子・桜谷保之 2004. 近畿大学奈良キャンパスにおけるヤママユガ科ガ類の生息状況. 近畿大学農学部紀要 第37号 9-16.

1種類の生物が支える生物多様性
―たとえば、もしエノキが絶滅したら―

宮下直 2014. 生物多様性のしくみを解く―第六の大量絶滅期の淵から―. 227pp. 工作舎.
森上信夫・林将之 2007. 昆虫の食草・食樹ハンドブック. 80pp. 文一総合出版.
根本正之(編著)2010. 身近な自然の保全生態学―生物の多様性を知る―. 213pp. 培風館.

「生活多様性」を提供する生物
―ススキの多様な活躍―

安藤邦廣 2005. 茅葺きの民俗学―生活技術としての民家―. 216pp. はる書房.
東寛子・岡田絢子・山中みのり・山中佐紀子・小林一恵・福本薫・桜谷保之 2010. 近畿大学奈良キャンパスにおける稀少種カヤネズミの生態. 近畿大学農学部紀要 第43号 75-80.
馬場友希・谷川明男 2015. クモハンドブック. 111pp. 文一総合出版.
森上信夫・林将之 2007. 昆虫の食草・食樹ハンドブック. 80pp. 文一総合出版.
根本正之（編著)2010. 身近な自然の保全生態学―生物の多様性を知る―. 213pp. 培風館.
日本チョウ類保全協会(編) 2012. フィールドガイド 日本のチョウ. 327pp. 誠文堂新光社.
日本環境動物昆虫学会(編)・桜谷保之・初宿

成彦(監修) 2009. テントウムシの調べ方. 148pp. 文教出版.
桜谷保之 2008. 越冬・越夏昆虫の調査法. 第18回環境アセスメント動物調査手法 講演会テキスト 1-17. 日本環境動物昆虫学会.

● 生きものの未来を考えよう ●

レッドリスト種の観察

東寛子・岡田絢子・山中みのり・山中佐紀子・小林一惠・福本薫・桜谷保之 2010. 近畿大学奈良キャンパスにおける稀少種カヤネズミの生態. 近畿大学農学部紀要 第43号 75-80.
今井忍・桜谷保之 2012. 近畿大学奈良キャンパスにおける絶滅寸前種カスミサンショウウオの生息状況. 近畿大学農学部紀要 第45号 157-162.
環境省 http://www.env.go.jp/
環境省自然環境局野生生物課(編) 2002. 改訂・日本の絶滅のおそれのある野生生物. 鳥類. 278pp. 自然環境研究センター.
片山涼子・秋山由子・大畑貴史・石川裕貴・岡野めぐみ・千田海帆・高良真佑子・原田隆成・堀内洋平・松田すみれ・桜谷保之 2012. 近畿大学奈良キャンパスにおける野鳥群集の季節的・年次的変動(2)1995年～2010年の調査結果. 近畿大学農学部紀要 第45号 17-46.
前田武志・桜谷保之 2003. 近畿大学奈良キャンパスにおけるレッドリスト動物種の生息状況. 近畿大学農学部紀要 第36号 1-12.
奈良県レッドデータブック策定委員会(編) 2006. 大切にしたい奈良県の野生動植物—奈良県版レッドデータブック—脊椎動物編. 143pp. 奈良県農林部森林保全課.
桜谷保之・後藤桃子・小西恵実・福原宜美・岡田絢子・東寛子・八代彩子 2008. 近畿大学奈良キャンパスにおける野鳥群集の季節的・年次的変動. 近畿大学農学部紀要 第41号 45-75.
曽我部陽子・桜谷保之 2009. 近畿大学奈良キャンパスにおけるレッドリスト植物の生育状況. 近畿大学農学部紀要 第42号 3-9.
鳥居憲親・桑原崇・鈴木賀与・寺田早百合・杉田麻衣・平野綾香・錦一郎・桜谷保之 2010. 近畿大学奈良キャンパスにおける野鳥類の環境別群集構造. 近畿大学農学部紀要 第43号 47-74.
山岸哲(監修)・江崎保男・和田岳(編著) 2002. 近畿地区鳥類レッドデータブック. 225pp. 京都大学学術出版会.

外来種の影響の観察
外来種が食物連鎖に入ると
外来種に関するQ&A

環境省 http://www.env.go.jp/
川上和人(文)・叶内拓哉(写真) 2012. 外来鳥ハンドブック. 80pp. 文一総合出版.
松本嘉幸 2008. アブラムシ入門図鑑. 239pp. 全国農村教育協会.
日本環境動物昆虫学会(編)・桜谷保之・初宿成彦(監修) 2009. テントウムシの調べ方. 148pp. 文教出版.
日本生態学会(編)・村上興正・鷲谷いづみ(監修) 2002. 外来種ハンドブック. 390pp. 地人書館.
西野済・桜谷保之 2011. 近畿大学奈良キャンパスにおける庭園木クロガネモチの分布. 近畿大学農学部紀要 第44号 17-22.
桜谷保之 1998. アベリアをめぐる昆虫類. 昆虫と自然 33(10) 30-32.
桜谷保之 2000. 外来昆虫の管理法. 保全生態

学研究 第5巻 149-158.
清水矩宏・森田弘彦・廣田伸七（編著）(一部改訂) 2011. 日本帰化植物写真図鑑. 554pp. 全国農村教育協会.
嵩原建二・久高将和(解説)・上田秀雄(音声) 2008. 聴き歩き フィールドガイド沖縄 ① 沖縄・大東諸島. 80pp. 文一総合出版.
戸田裕子・桜谷保之 2005. フタモンテントウのその後の動向 . 昆虫と自然 40(4) 18-19.
植村修二・勝山輝男・清水矩宏・水田光雄・森田弘彦・廣田伸七・池原直樹 2015. 増補改訂 日本帰化植物写真図鑑 第2巻. 595pp. 全国農村教育協会.
横井智之・波部彰布・香取郁夫・桜谷保之 2008. 近畿大学奈良キャンパにおける訪花昆虫群集の多様性 . 近畿大学農学部紀要 第41号 77-94.

エコロード観察—野生生物との共生をめざして—

青山芳之 2008. 環境生態学入門. 258pp. オーム社.
桜谷保之・藤山静雄 1991. 道路建設とチョウ類 群 集.日本環境動物昆虫学会誌 3(1) 15-23.
桜谷保之 1992. 動物調査手法一般の解説とアセスメントの実例紹介. 第2回環境アセスメント動物調査手法に関する講演会テキスト 1-16. 日本環境動物昆虫学会.

地球上のヒトの体積は？
—バイオマスに注目して生きものの未来を考える—

青山芳之 2008. 環境生態学入門. 258pp. オーム社.
本川達雄 1992. ゾウの時間 ネズミの時間(中公新書 1087). 230pp. 中央公論新社.
帝国書院編集部(編) 2016. 大学受験対策用 地理データファイル 2016年度版. 145pp. 帝国書院.

索引

生物名索引

太字の数字は写真掲載ページです。**緑の種名**は植物・キノコを示します。
種名の後の(外)は外来種、(絶)は絶滅危惧種を示します。

事項索引

【ア行】

【カ行】

【サ行】

雨の日も風の日も、自然に忠実に
観測を続ける風向風速計

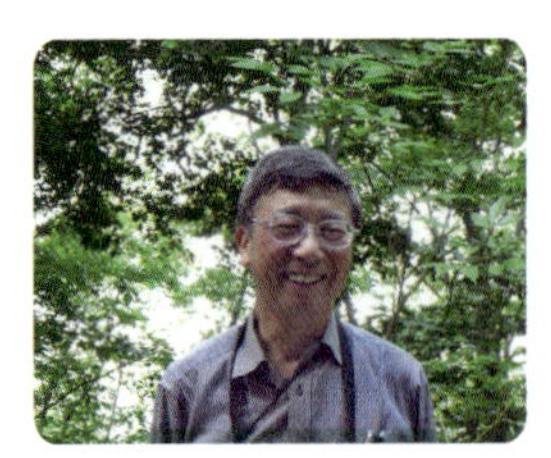

68ページに登場しました。

著者紹介

桜谷 保之（さくらたに やすゆき）

元近畿大学農学部教授。宮城県に生まれ、石巻湾に面した里山や里海で20年間ほど過ごす。専門は昆虫生態学、里山生態学。今日まで40年余、地域や大学里山で生物調査や自然観察会にたずさわる。著書は『動物の生態と環境』（共著、共立出版、1996）、『資源生物系の統計学』（共著、文教出版、1994）、『外来種ハンドブック』（分担執筆、地人書館、2002）、『テントウムシの調べ方』（監修・共著、文教出版、2009）など。

生態系と生物多様性を五感でとらえる

自然観察のポイント

2017年4月20日　初版第1刷発行

著●桜谷（さくらたに） 保之（やすゆき）

発行者●斉藤　博

発行所●株式会社　文一総合出版

〒162-0812　東京都新宿区西五軒町2-5

電話●03-3235-7341

ファクシミリ●03-3269-1402

郵便振替●00120-5-42149

印刷・製本●奥村印刷株式会社

定価はカバーに表示してあります。

乱丁，落丁はお取り替えいたします。

ISBN978-4-8299-7215-1　Printed in Japan

NDC468　判型A5判（148 × 210 mm）160 pp.